奇妙科学 大揭秘

化学篇

酸和碱

韩国科学教育研究所 编写 | 唐坤 译

酸和碱的秘密是什么？

山东教育出版社
·济南·

大家好呀！我是龙老师，想必你们都听说过我的大名吧？我讲的课可谓有声有色，而且我还被评为了最受欢迎的老师呢。这次校长特别请我来上科学课。校长那满满的诚意，让我实在无法拒绝。所以我精心策划了这门课，保证能让大家大吃一惊。

课堂始于提问。当我们观察这个世界时，只要有人问出"这是为什么呢"，课堂就从那一刻开始啦。现在，我来教你们怎样才能好好享受这门欢乐的科学课吧。

第一，科学课上的小伙伴们要保持好奇心，多提问题。别把科学想得太难，试着关注有什么引起你们好奇心的地方。和小伙伴们一起思考："为什么会这样呢？""怎样才能弄明白呢？"你们会发现原本觉得很难的科学也变得简单了。

第二，遇到难懂的地方，可以通过照片和图画来理解。有时候，一张图片就能让你们一下子明白复杂的科学概念和原理。所以，我特地为你们准备了许多图片。读到不太明白的地方时，看看旁边的图片，保准能让你们豁然开朗。

第三，要及时回顾所学内容，将其内化于心。课堂上大家意见纷纷，所以在课堂结束后，大家可能会理不清楚究竟学了哪些内容。别担心，我在课程中准备了重点内容总结，还用四格漫画有趣地概括了学习内容。每节课结束时还有罗喜喜同学整理的笔记，这样你们应该就可以把知识梳理得清清楚楚啦。

　　科学的学问可真不少啊！学科分支这么多，要学的内容也特别丰富。有些知识一下子就能明白，但有些内容可能需要多想几遍才能真正理解。不过别担心，只要你们多读几遍这本书，就一定能把每个知识点都弄得明明白白。

　　好啦，现在你们准备好了吗？下面我们就一起走进龙老师的欢乐科学课堂吧！

教材对应

人教鄂教版小学《科学》六年级上册"物质的变化"

鲁教版初中《化学》九年级上册"认识物质的构成"

鲁教版初中《化学》九年级下册"认识酸和碱"

上课啦! 上课啦!
龙老师

体力 ★★★
智力 ★★★★★
感性 ★★★
好奇心 ★★★★★
幽默感 ★★★★

一位充满热情的科学老师，看他那头总是朝天翘的乱发，真让人忍俊不禁。为了让科学课堂更加生动有趣，他可是什么奇思妙想都愿意尝试呢。

热爱美食小·达人!
何大壮

体力 ★★★★★
智力 ★★★
感性 ★★★★
好奇心 ★★★★★
幽默感 ★★★★★

爸爸总说"要长得壮壮的"，这孩子还真就如愿长得虎头虎脑！性格超棒，至于成绩嘛，那就保密啦！虽然考试不是很拿手，但他总能用天真有趣的问题给课堂带来欢乐。

今天也要向前冲!
罗喜喜

体力 ★★★★
智力 ★★★★
感性 ★★★
好奇心 ★★★★★
幽默感 ★★★

一个梦想成为科学家的小·学生，学习好，知识渊博，做什么事都喜欢冲在最前面。虽然看着像个小·冰块，其实她可是个暖心小·棉袄呢！只不过啊，她把这份温暖藏得可严实啦。

爱显摆大王!
王秀才

体力 ★★★
智力 ★★★★
感性 ★
好奇心 ★★★★★
幽默感 ★

总觉得自己是全世界最厉害的人，他的口头禅是"天才注定孤独，也难免遭人嫉妒"，逗同学们生气的本事也是一流的。别看他这么调皮，课堂上可是举手发言的小·积极分子。

享受美好的每一天！

许多多

体力 ★ ★ ★ ★ ★
智力 ★ ★ ★
感性 ★ ★ ★ ★
好奇心 ★ ★ ★ ★ ★
幽默感 ★ ★

心思细腻敏感的小姑娘，看到飘落的树叶和夜空的星星就会感动得掉眼泪，还爱跟小虫子聊天，是个活在自己世界里的奇妙女孩。不过，她可是班里最有爱心、最浪漫的人呢。

古灵精怪小可爱！

郭小豆

体力 ★ ★ ★
智力 ★ ★ ★ ★
感性 ★ ★ ★ ★
好奇心 ★ ★ ★ ★ ★
幽默感 ★ ★ ★ ★

科学班里最小的男生，总是被哥哥姐姐们宠着。年纪最小不说，天生一张娃娃脸，乍一看还以为是幼儿园的小朋友呢！多亏了当老师的爷爷，这小家伙背起复杂的科学名词可是一点都不马虎。

找找我们吧！

氢离子
酸溶于水后产生的离子，带正电荷（＋），是酸性物质的标志。

氢氧根离子
碱溶于水后产生的离子，带负电荷（－），是碱性物质的标志。

盐酸
一种超级厉害的强酸，能快速溶解金属和碳酸钙。

氢氧化钠
一种超级厉害的强碱，能溶解蛋白质。

石蕊试纸
一种能区分酸碱的试纸，有红色和蓝色两种，是最常用的指示剂小帮手。

BTB
一种能区分酸碱的指示剂，在酸性、中性、碱性条件下会变成不同的颜色，就像会变魔术一样有趣。

为什么会有酸味呢？

小豆，尝尝这个！

怎么这么酸呀？

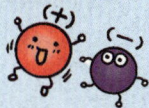

"豆豆，给你一个小礼物！"

何大壮递过来一颗糖，郭小豆迫不及待地把它塞进了嘴里。

"哦，好酸啊！这是什么古怪糖果啊？"

看着郭小豆皱成一团的小脸，何大壮在旁边笑得可开心了。

龙老师看到这一幕，笑着说：

"我猜大壮给小豆的是一颗酸糖吧？"

"龙老师！为什么糖果不是甜的，反而会这么酸啊？"

酸味物质的秘密是什么呢?

"这颗糖果里加了一种酸味物质。这种物质叫'酸'。你看,这个'酸'字本身就告诉我们它是酸酸的味道呢。"

"那柠檬也是酸的,柠檬里是不是也含有酸啊?"

"没错。除了柠檬,还有什么是酸的呢?"

"橘子!有些橘子特别酸。"

> 酸溜溜的水果里大都含有酸!

> 柠檬和橘子里都有柠檬酸,所以尝起来才会酸酸的。

> 苹果里有苹果酸。

▲ 柠檬　　　　　▲ 橘子　　　　　▲ 苹果

"苹果也是!"

"说得对。柠檬、橘子、苹果都是水果,很多水果里都含有酸。酸的种类很多,柠檬和橘子里含有柠檬酸,苹果里含有苹果酸。"

柠檬味糖

配料：白砂糖、葡萄糖浆、水、柠檬酸、
柠檬香精、食用香精(香味)、食盐、
着色剂(柠檬黄、亮蓝)

净含量：100克
生产日期：(年/月/日)
请见包装袋标注
保质期：二年

贮藏方法：请置于阴凉干燥处、
避免阳光直射和高温

柠檬酸、
食盐、亮蓝

柠檬酸！

"咦？这些物质都是以'酸'字结尾的呢。"

"对啊！观察得真仔细！"

"那大壮给我的糖里有什么酸呢？"

"这个嘛……我们得看看糖果包装袋上写了些什么才行。"

何大壮赶紧掏出了那个包装袋。

"找以'酸'字结尾的配料就行了，对吧，老师？"

"聪明！"

郭小豆拿出放大镜，盯着包装袋背面仔细瞧了又瞧，突然大声喊道：

"找到了！是'柠檬酸'！"

"真棒。柠檬酸又叫枸橼酸。这颗糖里的酸和柠檬、橘子里的酸是同一种呢。"

"哦，难怪这么酸。"

想到柠檬的滋味，孩子们都皱起了脸。这时，许多多好像想到了什么，赶紧举起了手：

"老师，那汽水里也有酸吗？'碳酸'不是也带'酸'字吗？"

"喂，许多多！这也太牵强了吧？难道名字里带个'酸'字的都是酸啊？"

"哈哈，这可不牵强，碳酸确实是一种酸哦。"

郭小豆的科学小词典

气泡 通常指液体中包裹着气体的球形或类球形的小泡。

龙老师的科学显微镜

二氧化碳是空气的组成成分之一，约占空气体积的 0.04%，我们呼出的气体中就有二氧化碳。

▲ 各种碳酸饮料

▲ 碳酸饮料里的二氧化碳

呃，好酸！

这是因为橘子里含有柠檬酸。

这个也好酸！

因为苹果里有苹果酸嘛。

呃，太酸啦！醋放太多啦！

醋里面有醋酸。

原来带"酸"字的都这么厉害啊！

是啊，酸性物质几乎都让我们尝到酸味呢。

"啊？真的吗？"

"当然是真的啦。你们见过汽水里冒出的小气泡吧，那些气泡就是从饮料里跑出来的二氧化碳。二氧化碳溶于水后就形成了碳酸。"

"奇怪，为什么碳酸饮料不酸反而甜甜的呢？"

看着何大壮疑惑地歪着头，龙老师解释道：

"这是因为汽水里加了糖，有了这些甜甜的东西，酸味就不太明显了。"

"说到酸，我最先想到的是醋。醋里也有酸吗？"

"对，醋里含有一种叫作醋酸的酸。"

"原来所有酸味物质里都含有酸啊。"

这时何大壮打了个响指说：

"啊！那以后只需要尝一下，如果有酸味，

就知道它是酸啦！"

"嗯……这种想法可有点危险。有些东西对身体有害，千万不能随便尝啊。"

听到这里，许多多好奇地问道：

"那我们要用什么方法才能知道它是不是酸呢？"

重点总结

大多数酸都带有酸味。大多数汽水、醋、水果中都含有酸。

酸还有什么神奇本领？

龙老师的科学显微镜

牙齿最外层的坚硬组织牙釉质也会被酸溶解，所以我们得少喝些汽水才行呢。

"生活中常见的酸除了带有酸味，还有另一个本领——它能溶解某些物质，我们可以利用这一性质来识别酸。"

▲ **浸泡在醋里的鸡蛋**　把鸡蛋放在醋里浸泡一周，蛋壳就会溶解，只剩下一层半透明的薄膜包裹着蛋白和蛋黄。

"真的吗？它能溶解什么呢？"

"它能溶解一种叫碳酸钙的物质。我们身边最常见的碳酸钙就是鸡蛋壳。"

龙老师把鸡蛋放进装着醋的烧杯里，小朋友们都凑过来观察。

"哇！冒泡泡啦！"

"这些小泡泡是蛋壳被溶解时产生的。把鸡蛋泡在醋里一周左右，蛋壳就会完全溶解，只剩下一层半透明的薄膜包裹着蛋液。"

"哇，好神奇呀！除了鸡蛋壳，还有什么东西会被酸溶解呢？"

"几乎所有含有碳酸钙的东西，都会像鸡蛋壳一样被酸溶解掉。"

"那碳酸钙还存在于哪些物质里呢？"

"贝壳、粉笔、珍珠里都有碳酸钙，石灰岩和大理石这些岩石里也有呢。"

这时，罗喜喜举起手问道：

"咦？我前不久去过溶洞，石灰岩里的'石灰'和溶洞的'石灰'是一回事吗？"

"是的！溶洞就是由石灰岩形成的洞穴。至于大理石，它是石灰岩经过长时间的挤压和高

▲ 石灰岩

▲ 大理石

罗喜喜的科学词典

岩石 由一种或多种矿物（也可能包含有机物质）组成的固态集合体经过漫长时间形成的坚硬物质。

温高压作用形成的一种新岩石，它们都含有碳酸钙。"

罗喜喜又问道：

"我去过溶洞，洞穴特别大，这么大的洞穴是怎么形成的呀？"

"会不会是石头被酸溶解而形成的呢？"

听到王秀才的猜测，何大壮忍不住笑出声来：

"哈哈哈，怎么可能！这么大的洞，怎么可能是被酸溶出来的呢？"

这时龙老师打了个响指说：

"王秀才说得对！在漫长岁月中，石灰岩被地

▼ **溶洞** 当地下水遇到石灰岩时，岩石会被溶解，像水一样向下滴落，过一段时间又慢慢变硬。就这样，神奇的洞穴就形成啦。

下水慢慢溶解，溶洞就是这样形成的特殊地貌。"

"啊？地下水还能溶解岩石吗？"

"是啊。地下水里溶解了二氧化碳，形成了碳酸，所以能溶解石灰岩。当然啦，要形成这么大的洞穴，可得花上几百万年呢！"

"真是太神奇啦！"

"太帅了！我们什么时候一起去溶洞探险呀？"

重点总结

酸可以溶解鸡蛋壳、贝壳、石灰岩这些含有碳酸钙的物质。

酸的厉害之处在哪里？

"哈哈，很神奇吧？不过，酸的本领可不止这些，酸甚至能溶解比岩石还要硬的东西呢！"

"还有比岩石更硬的东西吗？"

"那就是金属。酸连金属都能溶解掉呢！"

"真的吗？连金属也能溶解？"

▲ 在稀盐酸中溶解的镁

▲ 装在塑料瓶里的醋

"当然啦！要不要看看酸的本领？"

说着，龙老师往装着液体的试管里放入了一小块金属。

"这是稀盐酸，我们把金属放进去，看看会发生什么。"

"哇！金属周围冒出好多小泡泡呀！"

"金属块也在慢慢变小！"

"观察得真仔细。我们刚才放进稀盐酸里的是一种金属，叫作镁。稀盐酸不光能溶解镁，连铁、铝、锌这些金属也都能溶解。"

"那汽水和醋也能溶解金属吗？"

"当然啦！不过汽水和醋溶解金属的速度比稀盐酸慢得多。但是呢，它们也有溶解部分金属的本领，所以千万不能把酸性物质装在金属容器里。"

"啊，原来醋都装在塑料瓶或玻璃瓶里是这个原因啊！"

"没错，你很会观察嘛！"

这时，何大壮从书包里掏出一罐汽水。

"那这个铝制易拉罐，该不会也在被汽水慢慢溶解吧？"

"天哪！我可是超爱喝汽水的，难道不能喝了吗？"

看着孩子们惊慌的小脸，龙老师哈哈大笑着回答道：

"这倒不用担心。虽然铝能被酸溶解，但易拉罐用的铝表面有一层保护膜，酸碰不到它。"

何大壮松了一口气，拍拍胸脯说：

"酸可真是个厉害角色啊，跟我一样厉害，哈哈！"

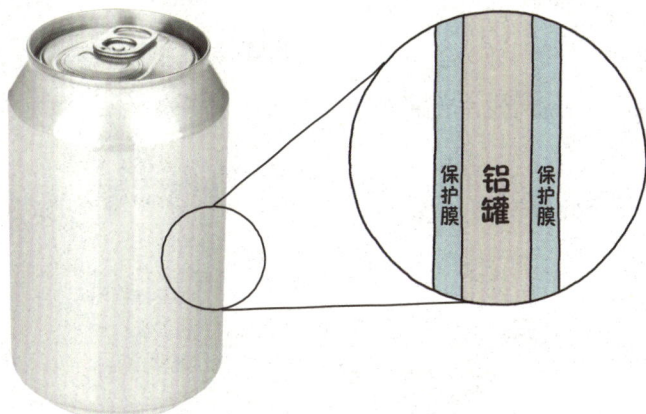

▲ 装汽水的铝制易拉罐

保护膜　铝罐　保护膜

大家都带实验材料了吗？

我带了醋！

带啦！

像醋这样的酸性物质，可以把金属都溶解掉，尤其是铁，铁最怕酸了。

铁

用铝做的易拉罐会被溶解吗？

铝

铝表面有保护膜，所以不用担心。

原来醋要装在塑料瓶里是这个原因啊！

重点总结

多数金属会与酸发生反应而被溶解，所以尽量不要把酸性物质放在金属容器里！

罗喜喜的学习笔记

1. 酸的定义和种类

    ① 通常有 ⓐ [　　　] 味的物质。

    ② 大多数酸的名字都以"酸"字结尾。

柠檬　橘子　苹果　汽水　醋

    柠檬酸　　　　苹果酸　　　　ⓑ [　　　]　　　　醋酸

2. 酸的性质

    ① 能溶解 ⓒ [　　　　]。

       [例] 鸡蛋壳、贝壳、粉笔、珍珠、石灰岩、大理石等

    ② 能溶解 ⓓ [　　　]。

       [例] 镁、铁、锌等

    → 因此，大多数酸都要存放在塑料或玻璃容器里，而不能放在金属容器里。

ⓐ酸　ⓑ碳酸　ⓒ碳酸钙　ⓓ金属

01

同学们正在讨论这节课学到的内容。请判断对错，对的打"✓"，错的打"✗"。

① 酸性物质大多有酸味。　　　（　　　　）

② 含有碳酸的地下水溶解了石灰岩（主要成分是碳酸钙），溶洞就是因此形成的。　　　（　　　　）

③ 醋最好存放在铁等金属容器里。　　　（　　　　）

02

何大壮想要通过迷宫。沿着含有酸的物质走，就能找到正确的路径。来帮他走出迷宫吧！

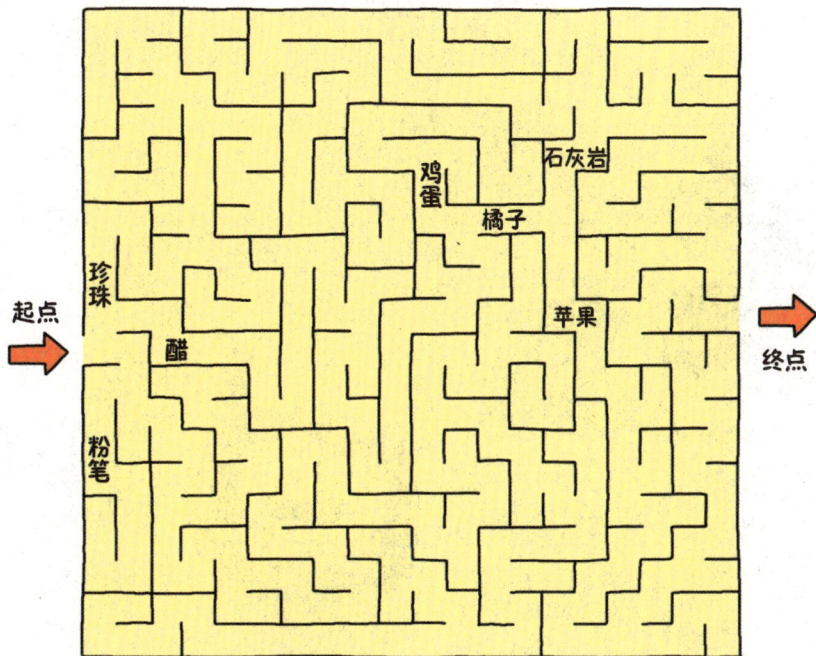

鸡蛋　　石灰岩　　橘子

珍珠

起点　　醋　　苹果　　终点

粉笔

为什么会滑溜溜的?

哇! 泡沫派对真好玩!

呃, 浑身滑溜溜的。

哎呀！你知道肥皂为什么这么滑吗？

认识碱及其性质

② ①认识酸及其性质

酸和碱的定义 ③

酸碱指示剂 ④

⑤ 酸和碱的强弱

⑥ 中和反应

"龙老师,不好啦!洗手池的水排不下去了!"

听到王秀才的喊声,龙老师和孩子们赶紧跑到了卫生间。

"糟糕!下水道堵住了。不过我有办法!"

龙老师从卫生间的储物柜里拿出了一瓶下水道疏通剂。

"瞧!就是它了。"

"下水道疏通剂,那是什么呀?"

"这是一种能疏通下水道的清洁剂。只要把它倒进堵住的下水道里,等半小时左右,下水道就能通啦!"

"哇!这里面到底有什么神奇的东西,能疏通堵住的下水道呢?"

下水道疏通剂里有什么？

"下水道疏通剂的主要成分就是这个。"

龙老师从抽屉里拿出了一个盛着白色颗粒物的盘子给同学们看。

"咦，白色小颗粒，这是什么呀？"

"这叫氢氧化钠，摸起来滑滑的。它还有一个特别厉害的本领——它能溶解**蛋白质**哦。"

"为什么下水道疏通剂里要放能溶解蛋白质的东西呢？"

"因为堵住下水道的大多是头发，头发的主要成分是蛋白质，所以利用氢氧化钠能溶解蛋白质的特性，就能轻松疏通被头发堵住的下水道啦。"

▲ 氢氧化钠

罗喜喜的科学词典

蛋白质 人体必需的重要营养成分之一。我们的皮肤、肌肉、头发等都含有蛋白质。

咦，好脏啊！

▲ 堵塞下水道的头发

▲ 下水道疏通剂

"啊，原来是这样！"

"大家知道吗？我们每天用的肥皂，它的制作过程也离不开氢氧化钠。"

"啊？可是，您不是说氢氧化钠能溶解蛋白质吗？"

"哈哈，别担心，氢氧化钠只是制造肥皂的原料之一。用肥皂洗手不会把皮肤溶掉的，放心啦！"

"哦，那就好。"

"不过肥皂确实滑溜溜的。"

"对呀！用肥皂的时候可滑了。"

"那下水道疏通剂也是滑滑的吗？"

"是的，但是大家绝对不能用手接触下水道疏通剂！氢氧化钠也一样不能用手接触。如果用手碰到了这些物质，开始会感觉滑溜溜的，但很快皮肤就会火辣辣地疼。原因大家已经知道了，那就是它们都能溶解蛋白质。"

"哇，用下水道疏通剂的时候真得小心行事了。"

"怪不得刚才龙老师戴着橡胶手套呢。"

"说对了。下水道疏通剂里含有氢氧化钠，

▲ 肥皂

它具有腐蚀性，会损伤皮肤，所以使用下水道疏通剂的时候要做好防护。像这类含有氢氧化钠的物质就属于碱性物质。"

重点总结

有些含碱物质摸起来滑溜溜的，有些碱还能溶解蛋白质呢。

原来碱也有这么多种!

"除了氢氧化钠，还有氢氧化钾、氢氧化钙等碱性物质。"

"咦？酸的名字大多以'酸'字结尾，比如盐酸、醋酸、柠檬酸。我还以为碱的名字也会以'碱'字结尾呢。"

"但它们都是以'氢氧化'开头的呢，是不是名字里带'氢氧化'的都是碱啊？"

听到王秀才的问题，龙老师笑着说：

"问得非常好！很多碱的名字确实以'氢氧

▲ **氢氧化钾** 能吸收空气中的水蒸气而溶解，还能吸收空气中的二氧化碳。

▲ **氢氧化钙** 溶在水里就变成了石灰水。石灰水本来是透明的，但遇到二氧化碳就会变得混浊。

化'开头。不过也不是所有碱都这样命名，所以光看名字还不能完全判断出来。"

"那不是以'氢氧化'开头的碱还有什么呢？"

"有氨水。氨气溶在水里就变成了氨水。氨气是一种有刺激性气味的气体，很容易溶于水。氨气是氮肥的主要原料，我们的小便里也会分解出一点氨气。小便那种难闻的味道就是氨气造成的。"

"呃！原来那个味道是氨气的味道啊。"

孩子们都皱起了鼻子。

"好吃的水果里含有酸，难闻的小便里却含有碱。这么说，碱都是不能吃的东西呀。"

看到何大壮皱着眉摇头，

原来小便的味道是氨气造成的！

▲ 含有氨的小便

龙老师说道：

“并不是所有的碱性物质都不可食用，也有可以吃的碱。”

“还有能吃的碱？是什么呀？”

“大家听说过小苏打吗？”

“啊，听说过！”

“没错，小苏打就是一种碱性物质。大家都很喜欢吃焦糖饼吧？小苏打就是制作焦糖饼的原料之一。科学家们管它叫碳酸氢钠。”

何大壮噘着嘴嘟囔道：

“科学家们老是喜欢用这么难的名字。”

这时，郭小豆突然兴奋地说：

“龙老师，既然说到这里了，我们能不能做个焦糖饼玩玩呀？”

“哈哈，好啊！”

龙老师拿出糖和小苏打分给大家。

“我把糖放在勺子里加热融化，再往里面加一点小苏打，然后搅拌一下。”

孩子们每人拿着一勺融化的糖，加入小苏打，做出了焦糖饼。郭小豆第一个尝了自己做的糖饼，结果马上露出了痛苦的表情。“哎呀！

▲ 小苏打（碳酸氢钠）

怎么这个味道呀？"

"怎么了？我觉得我的很好吃啊。"

龙老师和蔼地望着郭小豆问道：

"小豆刚才放了不少小苏打，能跟我说说尝起来是什么味道吗？"

"虽然有甜味，但是太苦了。为什么我做的焦糖饼这么苦啊？"

"还记得我说过小苏打也叫碳酸氢钠吗？碳酸氢钠本身就带有一点苦味。而且当我们加热碳酸氢钠时，它会变成味道更苦的碳酸钠，同时产生水和二氧化碳，正是这些二氧化碳气泡

▼ 制作焦糖饼的步骤

① 把白糖倒入勺中加热。

② 用木筷子搅拌，直到糖完全融化。

③ 在融化的糖液中加入一小撮小苏打。

④ 用木筷子继续搅拌，当糖开始膨胀时关火。

⑤ 把糖浆倒在撒了糖粉的盘子上，轻轻压平。

⑥ 用模具压出想要的形状，等待凝固即可。

让糖膨胀起来了。所以放的碳酸氢钠越多，焦糖饼膨胀得就会越大，同时味道也会更苦。"

何大壮说道：

"碳酸氢钠是苦的，它变成的碳酸钠也是苦的，看来有些碱性物质是苦的。"

"说得有道理。有些碱性物质不光摸起来滑滑的，尝起来也都有苦味。"

"那下水道疏通剂也是苦的吗？"

"这个嘛，下水道疏通剂连皮肤都能腐蚀，怎么能去尝它的味道呢？"

"我明白了，确实太危险了。"

"哈哈！大家记住，酸和碱里有很多危险的物质，千万不能随便品尝！"

小苏打　碳酸钠

重点总结

有些碱性物质会有苦味，它们的名字常常以"氢氧化"开头。

美味的焦糖饼做好啦！

罗喜喜的学习笔记

1. 碱的性质
   ①有些碱性物质用手触摸会感觉滑滑的。
   ②有些碱性物质有 ⓐ 味。

2. 碱的种类
   · 名称大多数以 ⓑ 开头。

下水道疏通剂
(ⓒ)

氢氧化钾

氢氧化钙

碳酸氢钠
（小苏打）

ⓐ苦 ⓑ氢氧化 ⓒ氢氧化钠

科学小达人 🧪 大挑战!

●答案在第108页

同学们正在讨论这节课学到的内容。请判断对错,对的打"✓",错的打"×"。

① 下水道疏通剂中含有可以溶解蛋白质的物质。 （　　　　　）

② 品尝是识别氢氧化钠最好的方法。 （　　　　　）

③ 小苏打有苦味。 （　　　　　）

龙老师的科学小课堂

欢迎大家来到
科学界的人气明星
——龙老师的科学小课堂。

今天要分享什么有趣的知识呢？

吃河豚的时候一定要小心啊。

小动物也会利用酸和碱！

你知道吗？动物们也会巧妙地运用酸和碱。有些小家伙为了保护自己不被天敌吃掉，体内会储存一些超厉害的毒素，这些毒素里就含有酸或碱。让我们一起去探索一下，看看这些动物储存着什么样的"毒素"吧！

▼ 以色列杀人蝎

在非洲生活着一种叫"以色列杀人蝎"的蝎子，它的尾巴里藏着毒素。这种毒素含有酸性物质，能让其他动物的神经系统瘫痪。

这么小的蝎子，毒性却这么厉害！

▶ 河豚

大部分河豚的肝脏、皮肤，甚至鱼卵里都含有毒素。这种毒素中也含有酸性物质。河豚的毒性超级强，只要1克毒素就能让数百人丧命。

◀ 箭蛙

这是生活在南美洲亚马孙地区的毒箭蛙，它的皮肤里含有毒素。这种毒素中含有碱性物质，毒性超级强，仅仅摸一下它的皮肤就可能致命。

别过来！

▶ 马蜂

蜜蜂尾部的毒刺含有酸性物质，但是马蜂可不一样呢。马蜂的毒素中含有碱性物质，能麻痹动物的神经。

大家可要当心·这些小家伙啊！

☕ 欢乐留言板

😀 它们是怎么产生毒素的啊？

　😬 河豚会吃掉含毒的贝类和海星，把毒素储存在自己体内。

　😎 那我也要吃含毒的贝类和海星，这样就能制造毒素啦！

　🙄 别闹了，那样会送命的！

酸和碱
溶在水里会怎样？

酸雨？
那是什么啊？

下雨了，
是酸雨！
快打伞！

酸雨就是酸性的雨水。雨水为什么会变成酸性的呢？

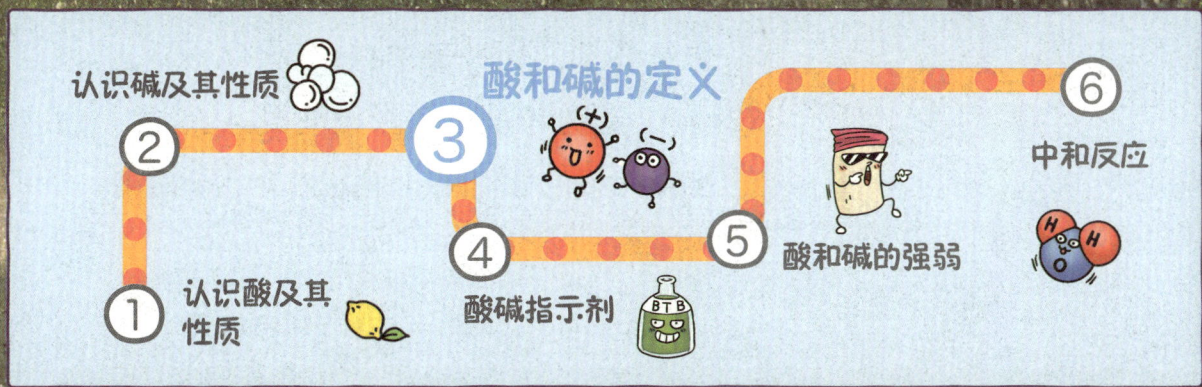

认识碱及其性质

酸和碱的定义

②　③　⑥

中和反应

④　⑤　酸和碱的强弱

①　认识酸及其性质

酸碱指示剂　BTB

酸雨真的带
有酸味吗？

哎呀！

"昨天天气预报说今天会下酸雨，还特别提醒一定要带伞，你带伞了吗？"

"带了。不过酸雨是什么啊？"

"这个嘛……"

"是不是我们学酸和碱的时候说过的酸性雨水呢？"

听到许多多的话，罗喜喜拍着手说：

"很可能是这样！所以才让我们打伞吧。"

"哦？那酸雨会不会带有酸味呢？等下雨的时候尝一尝不就知道了。"

"啊？多多，这好像不行吧……"

这时，龙老师走进科学教室说道：

"让我来告诉你们吧，千万不要去尝酸雨！"

酸和碱里面藏着什么?

罗喜喜和许多多惊讶地问龙老师:

"老师! 您在外面都听到我们说话了吗? "

"哈哈! 你们俩说话的声音可真不小呢。那我现在就来给你们讲讲酸雨吧。"

"好啊! "

"首先,'酸性'这个词是用来形容酸所具有的共同性质的。还记得我们学过有些酸性物质有酸味,能溶解碳酸钙和金属吗? "

"记得! 那我们说对了,酸雨就是酸性的! "

许多多和罗喜喜相视一笑。

"没错。酸雨也有酸味,也能溶解碳酸钙和金属。所以下酸雨的时候最好打伞,不然衣服和书包上的金属配件可能会被腐蚀。"

"啊! 那今天一定要记得带伞了。"

"来个小测试! 如果说酸的共同性质叫'酸性',那碱的共同性质叫什么呢? "

"是'碱性'吧! 在后面加个'性'字就行了, 对吗? "

"叮咚,答对啦! 不同种类的酸都有'酸性'

原来, 酸雨真的就是酸性雨水啊!

这一共同性质，同样，不同种类的碱都有'碱性'这一共同性质。这是因为所有的酸都含有使它呈现酸性的物质，所有的碱也都含有使它呈现碱性的物质。"

"那是一种什么物质呢？"

"就是氢离子和氢氧根离子啦。氢离子让物质呈现酸性，氢氧根离子则让物质呈现碱性。"

"那氢离子和氢氧根离子又是什么呢？"

"让我先给你们解释一下什么是离子吧。离子是带有电荷的微小**粒子**。"

"那电荷又是什么呢？"

"哈哈，电荷是物质的一种基本属性，电荷的存在及其运动是产生电的原因。正是因为有电荷，我们才能点亮电灯、看电视呢。离子可以带正电荷或负电荷。**带正电荷的叫阳离子，带负电荷的叫阴离子。**"

"那氢离子和氢氧根离子也带电荷吗？"

"是的。氢离子带正电荷，是阳离子；氢氧根离子带负电荷，是阴离子。所以在写氢离子的时候，我们用代表氢的化学符号 H 加上'+'号，写成 H^+；而写氢氧根离子时，就用代表氢和氧结合的化学符号 OH 加上'−'号，写成 OH^-。"

酸中含有带正电荷的氢离子，所以呈酸性；碱中含有带负电荷的氢氧根离子，所以呈碱性。

什么是酸？

"那酸雨里也含有氢离子吗？"

"对。汽车、工厂排放的大气污染物在空气中飘浮时，遇到水蒸气就会溶解并释放出氢离子。这些物质有的会直接落到地面，有的会溶入云层变成雨水。这就是酸雨的形成原因。"

"哦，原来是这样啊！"

"能溶于水且解离出的阳离子全部为氢离子的物质就叫作酸。当酸溶于水时，除了阳离子（氢离子），它还会解离出阴离子，不同的酸解离出的阴离子种类也不同。"

"它们有什么不同呢？"

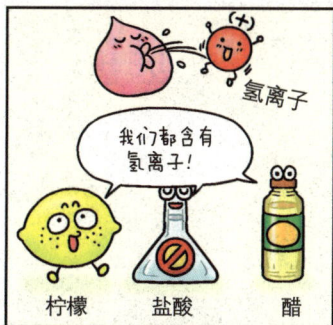

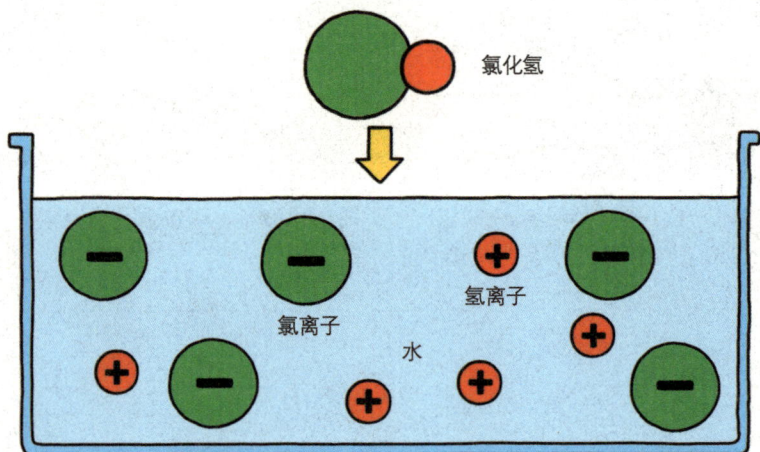

▲ **稀盐酸** 氯化氢溶于水时，解离出带正电荷的氢离子和带负电荷的氯离子。

"我们来仔细看看稀盐酸吧。稀盐酸是氯化氢气体溶在水里形成的水溶液。当氯化氢气体溶于水中时，会解离出带正电荷的氢离子和带负电荷的氯离子。"

"哦！原来盐酸是氯化氢气体溶于水中形成的啊！"

"那醋又是怎么回事呢？"

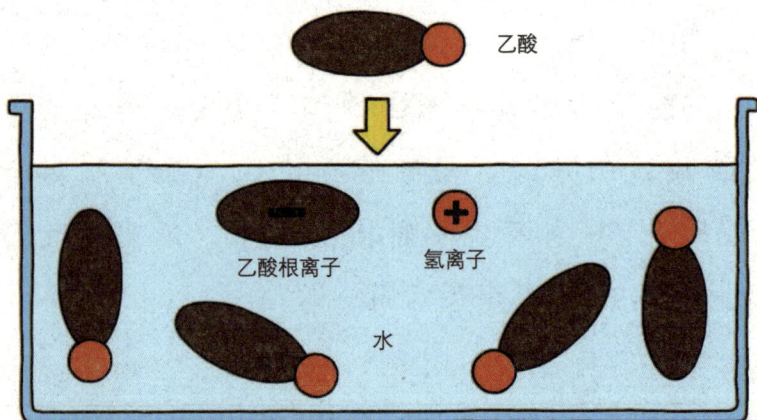

▲ **醋** 乙酸溶于水时，解离出氢离子和乙酸根离子。

"让我们来看看醋是怎么回事吧。还记得前面说过醋里含有乙酸吗？醋是用液态乙酸和水调配而成的，所以醋也叫乙酸溶液。乙酸在水中会解离出氢离子和乙酸根离子。"

"啊，原来如此！"

"对。这就是为什么所有的酸溶在水里时都会呈现酸性，因为它们都会解离出氢离子。不过，不同的酸会解离出不同的阴离子，这就决定了酸的种类和性质。"

"种类和性质会有什么不同呢？"

"比如说稀盐酸容易溶解有些金属；乙酸有刺激性的气味，接触皮肤时会对皮肤产生刺激；柠檬酸则能延缓食物腐败。"

"啊！看来我们要小心盐酸和醋了。那碳酸的特性是带有甜味吗？"

酸　溶于水时解离出的阳离子全部为氢离子的物质。

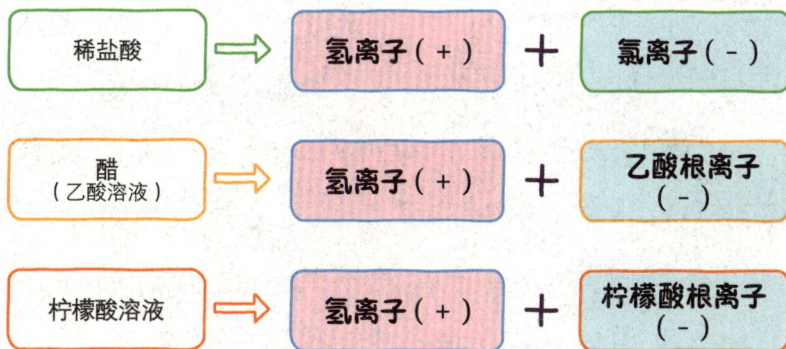

稀盐酸	⟹	氢离子（+）	+	氯离子（-）
醋（乙酸溶液）	⟹	氢离子（+）	+	乙酸根离子（-）
柠檬酸溶液	⟹	氢离子（+）	+	柠檬酸根离子（-）

都含有氢离子，所以都呈酸性。　　阴离子不同，所以酸的种类和特性也不同。

盐酸　醋　柠檬酸

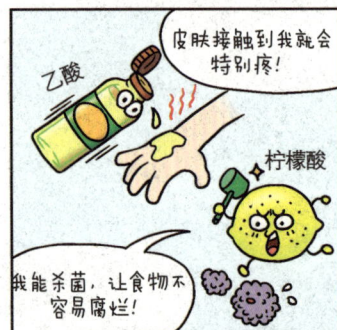

氢气

盐酸

乙酸

柠檬酸

氢离子

"不是哦。碳酸给人一种清凉刺激的感觉，所以常被添加在饮料中。"

"同样是酸，不同种类的酸竟然这么不一样。"

"总结起来就是，氢离子让所有酸都具有酸性这个共同性质，而不同的阴离子则赋予了每种酸不同的特性！"

重点总结

酸是溶于水时解离出的阳离子全部是氢离子的物质。

什么是碱?

"那碱又是什么呢？"

"碱是溶于水时解离出的阴离子全部为氢氧根离子的物质。这时除了阴离子（氢氧根离子），它还会解离出阳离子，不同的碱解离出的阳离子种类也不同。"

"有什么不同呢？"

"氢氧化钠溶于水时，会解离出氢氧根离子和钠离子。氢氧化钠溶解在水中的溶液，我们称为氢氧化钠溶液。"

"我懂了！"

"氢氧化钙溶于水时，会解离出氢氧根离子和钙离子。氢氧化钙溶解在水中的溶液，我们称为石灰水，刚才我们已经见过它了。"

"哦，原来石灰水也是碱啊。"

"是的。虽然所有的碱溶于水时都会解离出氢氧根离子，但是它们解离出的阳离子各不相同，所以种类和特性也就不一样。"

"这些碱有什么不同的特性呢？"

"氢氧化钠有一个性质，就是能吸收空气中

碱 | 溶于水时解离出的阴离子全部为氢氧根离子的物质。

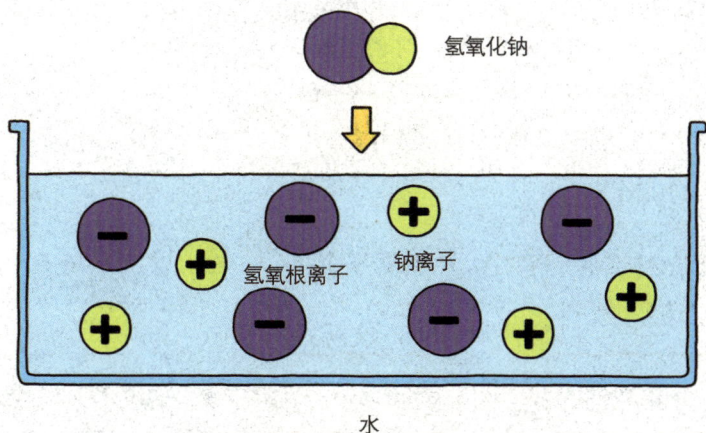

氢氧化钠

氢氧根离子　　钠离子

水

▲ **氢氧化钠溶液** 氢氧化钠溶于水时，解离出氢氧根离子和钠离子。

水分 通常指的是物质中含有水的量或水的存在状态，如固体、液体、气体形式的水。

的**水分**，从而受潮溶解。而氢氧化钙则能吸收空气中的二氧化碳。"

"小便！那小便中经细菌分解后产生的氨气呢？"

"哈哈，大家都知道，氨气有刺鼻的气味，而且有毒。另外，当空气中氨气含量超过 20% 时，遇到明火会有发生爆炸的风险。"

"天啊！不光气味难闻，还会爆炸……"

"好了，现在你们应该明白酸和碱是什么样的物质了吧？"

"明白了！酸是溶于水时解离出的阳离子全部为氢离子的物质，碱是溶于水时解离出的阴离子全部为氢氧根离子的物质。"罗喜喜一边看着笔记一边回答。

龙老师笑着说道："总结得很好。不过世界

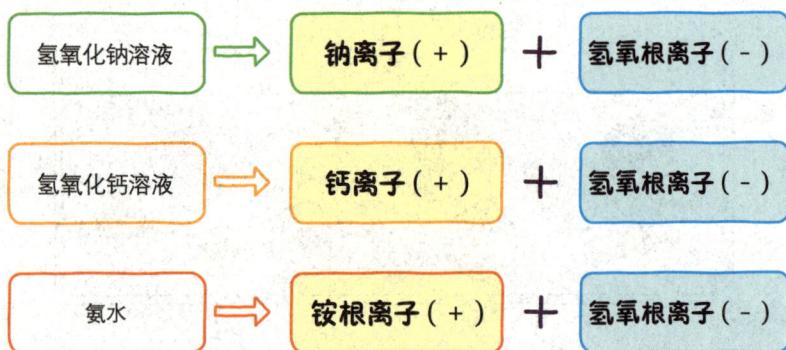

氢氧化钠溶液	⇒	钠离子（+）	+	氢氧根离子（-）
氢氧化钙溶液	⇒	钙离子（+）	+	氢氧根离子（-）
氨水	⇒	铵根离子（+）	+	氢氧根离子（-）

阳离子不同，所以碱的种类和特性也不同。

都含有氢氧根离子，所以都呈碱性。

上还有很多既不是酸也不是碱的物质，我们说这些物质是中性的。"

"哦？是因为在中间所以叫中性吗？"

"哈哈，这样理解有利于记忆。世界上所有的物质都属于酸性、中性或碱性中的一种。"

"哇，原来世界上所有物质都能分成这三类啊。"

"可是，我们为什么要知道哪些物质是酸性的，哪些是碱性的呢？"

"因为酸和碱形形色色，既有像柠檬那样美味的物质，也有像酸雨一样对我们身体有害的物质。所以，我们需要知道一种物质究竟是酸性的、碱性的还是中性的。"

"既然有些物质可能对身体有害，那我们肯定得找个不用尝就能分辨的方法。老师，要怎么才能区分酸和碱呢？"

"好问题，下节课我就来教你们如何区分酸和碱！"

重点总结

　　碱溶于水时会释放氢氧根离子，呈碱性。既不是酸性也不是碱性的物质，其性质是中性的。

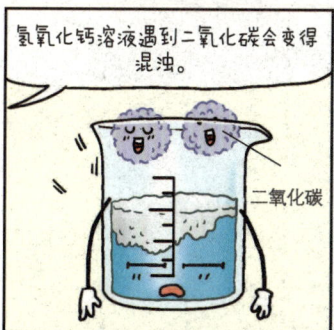

氨水的气味很刺鼻。

氢氧化钠会吸收水分从而受潮溶解。

水分

氢氧化钙溶液遇到二氧化碳会变得混浊。

二氧化碳

虽然我们不一样，但都是能溶于水且解离出氢氧根离子的碱性家族！

罗喜喜的学习笔记

1. 酸
   ① 溶于水时解离出的阳离子全部为 ⓐ [____] 离子的物质。
   ② ⓑ [____]：酸具有的共同性质。
   ③ 有些能溶解碳酸钙和部分金属，具有酸味。
   ④ 溶于水时解离出的阴离子种类不同，因此酸具有不同的性质。

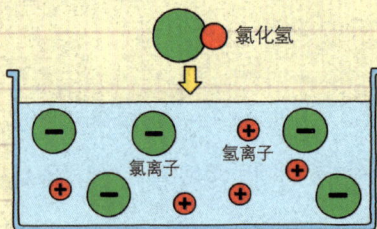

   氯化氢

   氯离子　氢离子

2. 碱
   ① 溶于水时解离出的阴离子全部为 ⓒ [____] 离子的物质。
   ② ⓓ [____]：碱具有的共同性质。
   ③ 有些用手触摸感觉滑滑的，有些带有苦味。
   ④ 溶于水时解离出的阳离子种类不同，因此碱具有不同的性质。

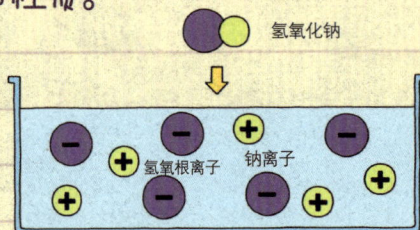

   氢氧化钠

   氢氧根离子　钠离子

ⓐ 氢　ⓑ 酸性　ⓒ 氢氧根　ⓓ 碱性

科学小达人 🧪 大挑战！

01

同学们正在讨论这节课学到的内容。请判断对错，对的打"✓"，错的打"✗"。

① 酸溶于水时解离出的阳离子全部为氢离子，所以呈酸性。　　　　　　　　　　　　　　　　　　(　　)

② 盐酸和乙酸都含有的离子是氢氧根离子。　(　　)

③ 碱溶于水时解离出的阴离子全部为氢氧根离子，所以呈碱性。　　　　　　　　　　　　　　　　　　(　　)

02

下面有四个杯子，其中一个装着碳酸饮料，其他三个装着水。请按照下面关于酸和碱的说法，找出装有碳酸饮料的杯子！

碱有酸味。		酸有酸味。	
碱溶于水会解离出氢离子。	碱溶于水会解离出氢氧根离子。	酸溶于水会解离出氢离子。	酸溶于水会解离出氢氧根离子。

龙老师的科学小课堂

欢迎大家来到
科学界的人气明星
——龙老师的科学小课堂。

今天要分享什么有趣的知识呢?

酸雨和酸雪

没有溶解大气污染物的雨水也会呈现酸性,这是因为空气中的二氧化碳和水蒸气相遇形成了碳酸。不过,我们并不把这种雨叫作酸雨。只有当额外的污染物溶于雨水,其酸性变得更强时,我们才称之为酸雨。在寒冷的冬天,有时会看到酸雪纷飞。酸雪的形成过程和酸雨是一样的,但是因为雪花下落的速度比雨水慢,所以其溶解的污染物更多。这就导致酸雪比酸雨的酸性更强,从而可能对我们造成更大的危害。

当酸雨和酸雪落下时会发生什么呢?它们会溶解含有碳酸钙的岩石和金属物体。不仅如此,当它们落在植物生长的土地上时,土壤会变成酸性的,导致植物无法正常生长。想想看,连岩石和金属都能被溶解,如果通过品尝来确认酸雨是不是真的有酸味,那可真是太危险了!

▲ 被酸雨腐蚀的岩石雕像

▲ 因土壤被酸雨酸化而死亡的植物

不要啊！

▲ 酸雨和酸雪的形成原因

☕ 欢乐留言板

😲 没想到竟然还有酸雪。

😐 那是不是还有酸雾？

😛 有啊，就是我们说的雾霾。

😄 原来是这样！

如何分辨酸和碱?

啊!
衣服上怎么会出现紫色和绿色的污渍呢?

"这可怎么办啊!"

"老师！这可怎么办啊？"

龙老师刚走进科学教室，许多多就哭了起来。

"发生什么事了？"

"我想用肥皂洗掉衣服上的葡萄汁污渍，反而弄得更糟了！"

"原来是污渍变成绿色的了。"

"呜呜！我的衣服该怎么办啊？"

不只是葡萄汁会变色呢!

"别担心，回家用洗衣液多洗几次就能洗掉了。葡萄汁遇到酸或碱就会变色，注意不要弄到衣服上。"

"是因为肥皂才变色的吗？"

"应该是因为肥皂是碱性的吧。"

"呜呜！早知道就不用肥皂擦了！还不如不碰呢！"

"多多，别难过啦。紫色和绿色混在一起，看起来反而更漂亮呢。"

"对啊，多多，五颜六色的多好看。"

在小伙伴们的安慰下，许多多很快止住了哭泣，说道：

"真的吗？那要不要试试染一下其他颜色？老师，葡萄汁遇到酸性物质会变成什么颜色呀？"

龙老师好像早就料到这个问题了，他大声说道：

"让我们亲眼看看吧！"

龙老师拿出三支试管，在每支试管里倒入相同

▲ 葡萄汁 + 醋　　　　　▲ 葡萄汁 + 水　　　　　▲ 葡萄汁 + 肥皂水

龙老师的科学显微镜

花青素是一种能让植物的花和果实呈现红色、蓝色或紫色的色素。

指示剂是用来识别物质种类或性质变化的试剂。除了能识别酸碱的指示剂，还有能检测金属离子的指示剂，以及能识别化学反应产物种类的指示剂等。

量的葡萄汁，然后分别滴入醋、水和肥皂水。

"哇！遇到酸变得更红了呢。要是刚才用酸性物质擦的话，衣服就会变得更红了。哈哈！"

"是的。葡萄汁里含有一种叫"花青素"的物质，遇到酸或碱会变成不同的颜色。利用这种物质，我们就能分辨出哪些是酸，哪些是碱。像葡萄汁这样遇到酸或碱时能发生特定的颜色变化的物质，我们称之为酸碱指示剂。"

"它能显示出一种物质是酸还是碱，对吗？"

听到罗喜喜的话，龙老师点了点头。

"像葡萄汁这样能通过颜色变化来区分酸碱的指示剂，在我们身边还有很多呢。"

"真的吗？还有哪些啊？"

"你们看，还有这些呢。"

指示剂

紫甘蓝

茄子

玫瑰花

黑豆

颜色变化

水(中性)
酸性　碱性

水(中性)
酸性　碱性

水(中性)
酸性　碱性

水(中性)
酸性　碱性

龙老师在屏幕上展示了几张图片。

"紫甘蓝、茄子、玫瑰花、黑豆都可以用来区分酸和碱。把它们切成小块放在热水中，让色素溶解就可以用了。"

▲ 制作紫甘蓝指示剂

"为什么要用热水呢？"

"因为色素更易溶解在热水中。等色素充分溶解在水里后，就可以用这种带颜色的水来区分酸和碱了。"

"没想到我最喜欢的玫瑰花也能当指示剂，真神奇啊。"

"对啊。一般来说，呈现红色、蓝色或紫色的植物遇到酸或碱都会变色。这些植物大多数

▲ 牵牛花

▲ **绣球** 与其他花不同，绣球在酸性环境里开蓝花，在碱性环境里开红花。

▲ 紫罗兰

▲ 鸢尾花

"哇！红色的绣球好漂亮啊！"

"快进来，别被酸雨淋到！"

几天后……

"啊！花变蓝了！"

"何大壮！是不是你把绣球弄成这样的？"

"才不是我呢，我只对吃的感兴趣！"

"应该是酸雨把土壤变成酸性的了。"

"看吧。"

碱性土壤　　酸性土壤

在酸性环境里开红花，在碱性环境里开蓝花。"

"牵牛花也能当指示剂吗？"

"对啊！除了牵牛花，绣球、紫罗兰、鸢尾花也都能当指示剂。"

重点总结

植物中的某些色素遇到酸或碱时会呈现不同颜色。能利用这种性质来区分酸碱的物质，我们称之为酸碱指示剂。

会变色的试纸有什么秘密？

"哇，能当指示剂的植物比想象中多呢。我要用家门口的牵牛花来做实验！"

"哈哈，做实验之前要注意以下事项：不能直接用整朵花或整个果实做实验，要用热水浸泡或者把它榨成汁。"

"知道啦！今天回去我就榨牵牛花的汁。"

"还有一点，从植物中提取的色素放在空气中会变质，变质后就不能很好地和酸碱反应了，所以最好榨完汁马上使用。"

"那每次需要用指示剂的时候都要重新榨汁吗？"

"是的。不过，这样确实很麻烦。所以，科学家把植物色素染在纸上，方便随时使用。"

龙老师拿出了一些红色和蓝色的条状试纸，孩子们立刻围了上来。

"这就是科学家制作的纸质指示剂吗？"

"对，这叫作石蕊试纸。科学家从石蕊地衣中提取紫色色素，将其溶在水里，再用滤纸吸收色素溶液，试纸就是这样制作而成的。"

孩子们好奇地观察着石蕊试纸。

"您不是说是紫色色素吗？这怎么是红色和蓝色的呢？"

"这种色素遇到酸会变成红色，遇到碱会变成蓝色。为了让颜色变化更容易观察，科学家在制作石蕊试纸时，分别在色素中加入酸或碱制成了红色和蓝色试纸，这样就能更清楚地看出试纸遇到酸或碱时的颜色变化了。"

龙老师先把红色石蕊试纸分别浸入醋、水和小苏打溶液中。

"哦，红色石蕊试纸只有在碱性的小苏打溶

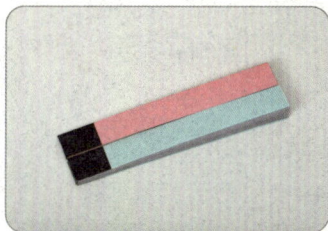

▲ 石蕊试纸

▲ 石蕊

▲ 红色石蕊试纸＋醋　　　　▲ 红色石蕊试纸＋水　　　　▲ 红色石蕊试纸＋小苏打溶液

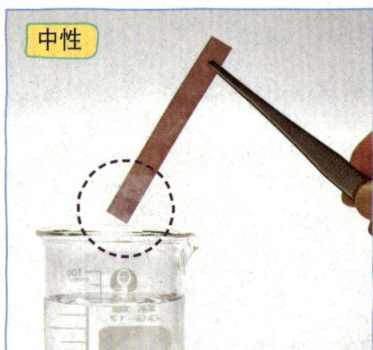

液中才会变成蓝色。"

"在醋里和水里都没有变色呢。"

"快试试蓝色石蕊试纸吧，会发生什么呢？"

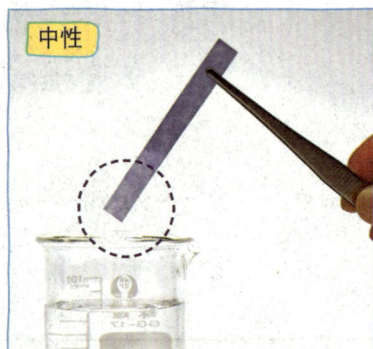

"这次你们自己试试吧。"

于是孩子们把蓝色石蕊试纸分别浸入醋、水和小苏打溶液中。

"哦！蓝色石蕊试纸只有在酸性的醋中才会变成红色。"

▲ 蓝色石蕊试纸＋醋　　　　▲ 蓝色石蕊试纸＋水　　　　▲ 蓝色石蕊试纸＋小苏打溶液

"对。所以用蓝色石蕊试纸可以检验酸，用红色石蕊试纸可以检验碱。如果两种试纸都不变色，那就说明是中性物质。"

"回家我要试试用葡萄汁制作这样的试纸，这样我就有独一无二的指示剂了，对吧，老师？"

红色石蕊试纸 遇到碱会变成蓝色。	**蓝色石蕊试纸** 遇到酸会变成红色。

"哈哈，这个想法不错。除了石蕊试纸，科学家还会使用各种不同的指示剂。要不要一起来看看还有哪些指示剂？"

"好啊！"

重点总结

石蕊试纸是用从石蕊地衣中提取的色素制成的酸碱指示剂。红色石蕊试纸遇到碱会变成蓝色，蓝色石蕊试纸遇到酸会变成红色。

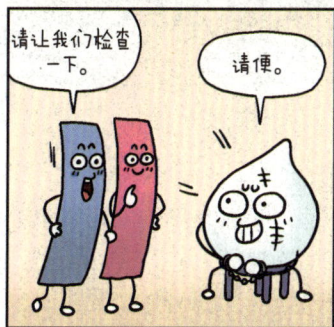

完全看不出它的真面目。

得叫石蕊双胞胎来帮忙了。

调查室

请让我们检查一下。

请便。

你靠得太近了吧？

呃……

呃……

哎呀！我变色了！

你是酸性的吧？

啊！你怎么知道……

还有哪些指示剂？

龙老师把一种试剂放在桌子上。

"这是一种叫作 BTB 溶液的指示剂。BTB 溶液在中性环境中呈绿色。我们来看看它遇到酸或碱会变成什么颜色吧。"

"我来！让我试试看！"罗喜喜举起手急切地说道。

龙老师欣慰地笑着，把实验器具递给了罗喜喜。罗喜喜用滴管分别往装有 BTB 溶液的试管中滴入醋、水和小苏打溶液。

"BTB 溶液的颜色发生了什么变化？"

"加入醋后变成了黄色，加入小苏打溶液后变成了蓝色。"

王秀才得意地说道：

"啊，我明白了！如果 BTB 溶液变成黄色说明

酸性	中性	碱性
BTB + 醋	BTB + 水	BTB + 小苏打溶液

加入的物质是酸性的,保持绿色说明加入的物质是中性的,变成蓝色说明加入的物质是碱性的!"

"这可是我做实验发现的!"

罗喜喜气鼓鼓地反驳道。

"哈哈!你们都做得很棒,别争了。现在我要用指示剂给你们表演一个有趣的魔术。"

龙老师展开了一张纸。

"这是什么啊?是不是一张大号的石蕊试纸?"

"哈哈,不是哟。我用特殊方法在这张纸上写了字,你们能看出写了什么吗?"

"咦?什么都看不见啊?"

嘿嘿,
不知道他们能不能
看出来呢?

何大壮歪着头疑惑地说道。

龙老师只是神秘地笑着,没有说话。

孩子们仔细检查着纸张的每个角落,翻过来倒过去,还拿到光线下仔细看,但是谁也没发现哪里有字。

突然,郭小豆灵光一现大声说道:

"我知道了！您是用透明指示剂写的字吧？只要喷上酸或碱，字就会变色显现出来！"

"哦！豆豆说得太对了！"

龙老师用喷壶把小苏打溶液喷在纸上。

"哇，红色的字出现了！好神奇啊！"

酚酞溶液

"酚酞溶液？这是什么啊？"

"酚酞溶液是一种指示剂，虽然像水一样透明，但遇到碱性物质就会变成红色。"

"哦！那遇到酸会变成什么颜色呢？"

"遇到酸不会变色，还是透明的。"

"BTB溶液在酸性和碱性条件下都会变色，而酚酞溶液只在碱性条件下才会变色。"

"对。酚酞溶液在酸性和中性条件下都不变色，只有在碱性条件下才会变成红色。它是一种用来识别碱的指示剂。"

"酚酞溶液虽然很神奇，但我最喜欢BTB溶液，因为它在酸性、中性、碱性条件下会变成不同的颜色。"

"我最喜欢葡萄汁。葡萄汁在酸性、中性、碱性条件下的颜色也不一样，而且还很好喝呢。嘿嘿！"

	醋(酸性)	水(中性)	肥皂水(碱性)
BTB溶液	🟡	🟢	🔵
酚酞溶液	⚪	⚪	🔴

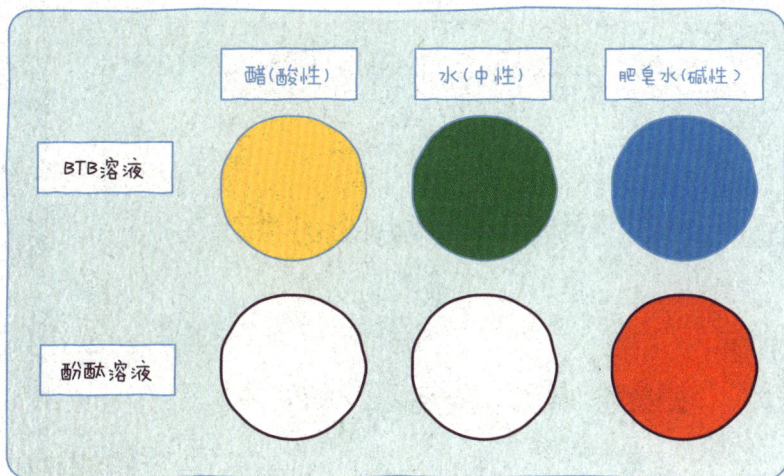

听到何大壮的话，许多多拿着葡萄汁走了过来。

"哦，是吗？那我也在你衣服上洒点葡萄汁吧，说不定能像石蕊试纸一样反复使用呢。"

"那可不行，我会被妈妈骂的！"

重点总结

　　BTB溶液在酸性条件下呈黄色，在中性条件下呈绿色，在碱性条件下呈蓝色。酚酞溶液是一种识别碱的指示剂，在酸性和中性条件下不变色，只在碱性条件下才会变成红色。

罗喜喜的学习笔记

1. **酸碱指示剂**
   ① 可以通过颜色变化来区分物质是酸性的还是碱性的。

2. **植物指示剂**
   ① **紫甘蓝、茄子、玫瑰花、黑豆、牵牛花、绣球等**
   · 制作方法：切成小块后用热水浸泡。
   ② **石蕊试纸**
   · 让滤纸吸收 ⓐ   的色素制成。
   · 石蕊试纸的颜色变化。

	酸性	碱性
红色石蕊试纸	不变色	变成蓝色
蓝色石蕊试纸	变成 ⓑ	不变色

3. **化学药品制成的指示剂**
   ① **BTB溶液**

酸性	中性	碱性
黄色	绿色	ⓒ

   ② **酚酞溶液**

酸性	中性	碱性
透明	透明	ⓓ

ⓐ 石蕊　ⓑ 红色　ⓒ 蓝色　ⓓ 红色

科学小达人 🧪 大挑战！

●答案在第109页

01

同学们正在讨论这节课学到的内容。请判断对错，对的打"√"，错的打"×"。

① 酸碱指示剂遇到酸或碱会变成不同颜色。　（　　　）

② 石蕊试纸有红色和蓝色两种。　（　　　）

③ 酚酞溶液在碱性条件下显示的颜色和BTB溶液在酸性条件下显示的颜色都是红色。　（　　　）

02

何大壮正在寻找存放苹果的仓库。如果把下列指示剂滴在苹果上分别会变成什么颜色呢？请沿着变化后与指示剂相同颜色的路径，帮助何大壮找到正确的仓库。

提示 苹果是酸性的

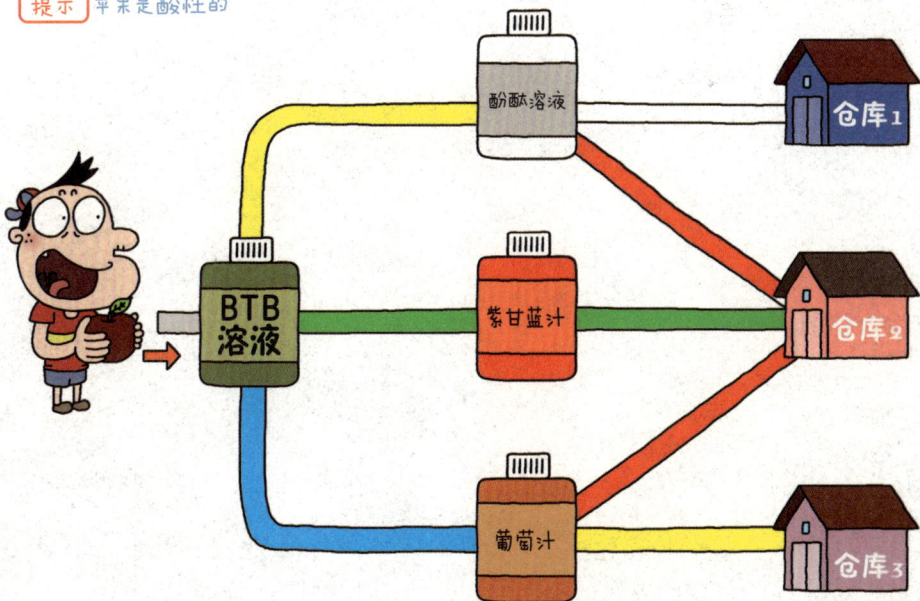

原来酸和碱也有强有弱？

护目镜、口罩、手套，甚至还有实验服！

老师，您为什么准备这些东西啊？

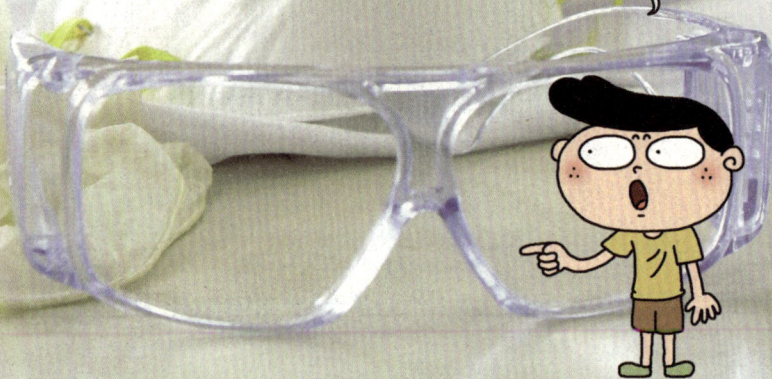

因为这节课我们要接触一些特别的物质！

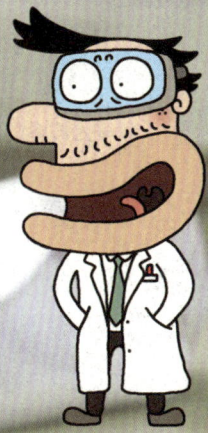

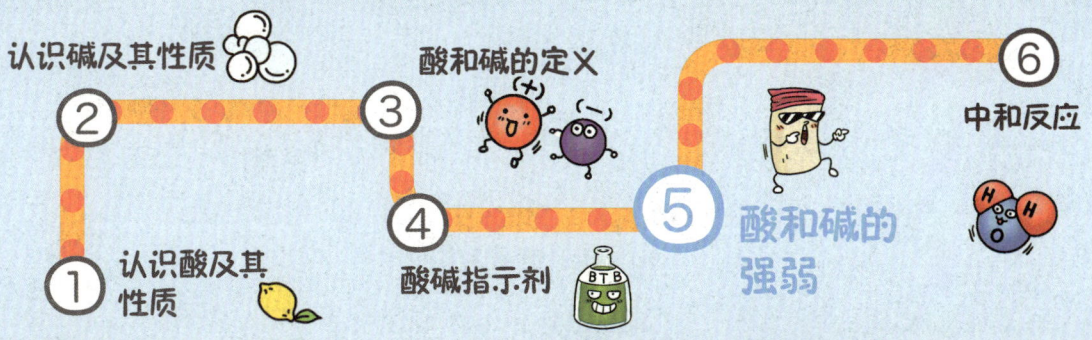

认识碱及其性质

② ③ 酸和碱的定义

⑥ 中和反应

④ ⑤ 酸和碱的强弱

酸碱指示剂

① 认识酸及其性质

"龙老师，为什么小苏打疏通不了堵住的下水道呀？"

刚一进实验室，何大壮就嘟囔着问道。

"咦？怎么回事啊？"

"家里下水道堵了，我往里面倒了好多小苏打，结果不但没通，还被妈妈狠狠训了一顿。"

"哎呀，这是因为小苏打只是一种碱性很弱的物质……"

"啊？碱性还分强弱吗？"

碱性强弱为什么会不一样呢？

"是啊，每种碱性物质的碱性强度都不一样。比如下水道疏通剂是能溶解蛋白质的强碱，而小苏打的碱性就比它弱得多啦。"

"那为什么碱性会有强有弱呢？"

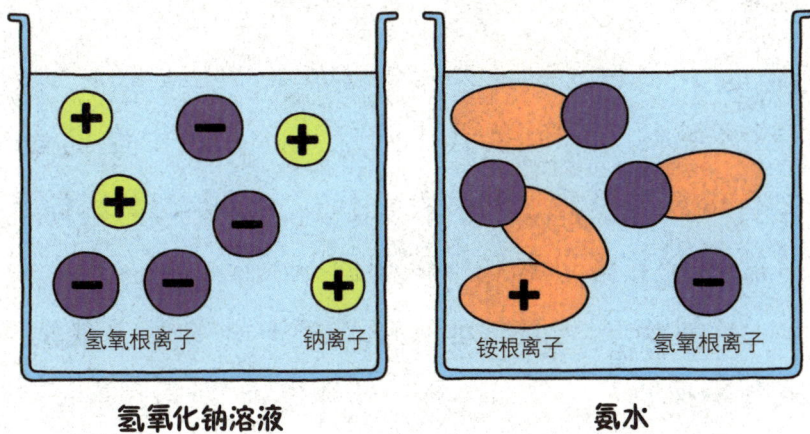

氢氧根离子　　　　　　钠离子　　　　　铵根离子　　　　氢氧根离子

氢氧化钠溶液　　　　　　　　　　　　**氨水**

"这个问题，我们可以通过比较强碱和弱碱中的离子数量来理解。一起来看看氢氧化钠溶液和氨水中的离子数量吧。"

"我发现氢氧化钠溶液里的离子很多，但是氨水里的离子却很少。"

"答对啦！氢氧化钠溶液中有大量的氢氧根离子和阳离子，而氨水中的氢氧根离子和阳离子都很少。那么现在我来考考你，如果要比较相同浓度下这两种溶液的碱性强弱，我们应该比较哪种离子的浓度呢？"

"物质呈碱性是因为氢氧根离子，所以应该比较溶液中氢氧根离子的浓度吧？"

"说得对！那现在你能判断出哪种溶液的碱性更强了吧？"

"我明白了！氢氧化钠溶液的碱性更强！"

"答对了！像氢氧化钠这样，在水中能完全电离出氢氧根离子的碱就是强碱；而像氨水这样，只能部分电离出氢氧根离子的碱就是弱碱。"

"那如果我们在水里多溶解一些氨气，能变成强碱吗？"

"这是不可能的，每种碱释放氢氧根离子的数量是固定的。我们来打个比方：假设在两个装有相同水量的烧杯中，分别溶解相同量的氢

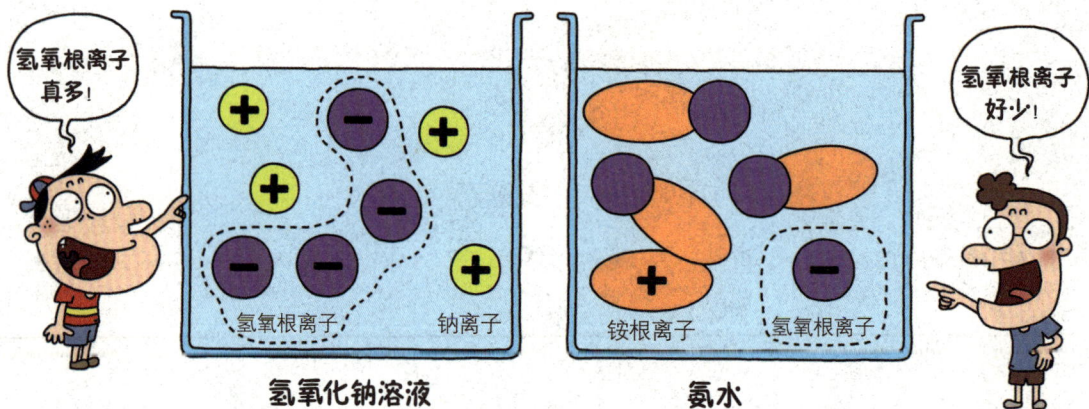

氢氧根离子真多！

氢氧根离子　　　钠离子

氢氧化钠溶液

铵根离子　　　氢氧根离子

氨水

氢氧根离子好少！

氧化钠和氨气。如果把溶解量假定为100，那么氢氧化钠溶液中有90个氢氧根离子，而氨水中只有1个氢氧根离子。"

"哇！居然差了90倍！"

"那小苏打是不是也和氨水一样，在水中只能部分电离，也是一种弱碱呢？"

"没错。"

"难怪我倒了一整包小苏打，下水道也没通！"

何大壮一脸懊恼地拍着额头说道。

罗喜喜认真做完笔记后问道：

"除了氢氧化钠，还有哪些是强碱呢？"

"制作石灰水用的氢氧化钙也是强碱，名字和它很像的氢氧化钾也是强碱。"

何大壮歪着头问道：

"那么酸是不是也分强酸和弱酸呢？"

重点总结

在水溶液中完全电离出氢氧根离子的碱就是强碱；只能部分电离出氢氧根离子的碱就是弱碱。

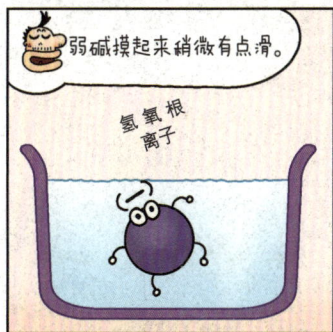

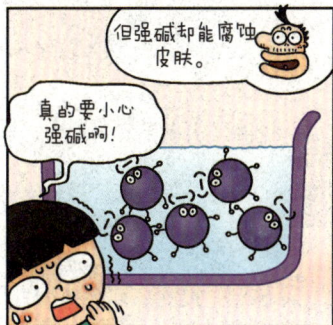

放入金属就能知道啦

"当然啦。在水溶液中完全电离出氢离子的酸是强酸，部分电离出氢离子的酸就是弱酸。我们一起来看一下图片展示。"

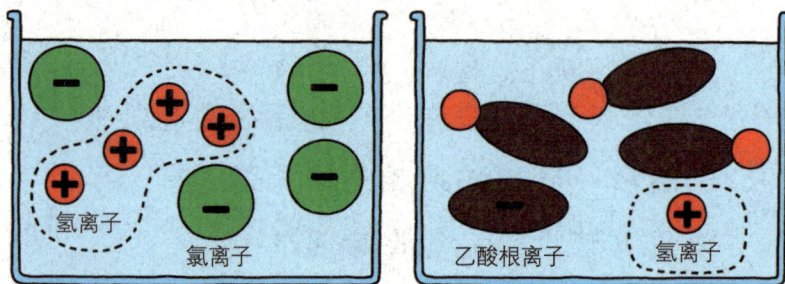

▲ 稀盐酸

▲ 醋（乙酸溶液）

"稀盐酸里的氢离子更多。那是不是说稀盐酸是强酸，醋是弱酸呢？"

王秀才的话让龙老师露出了开心的笑容。

"答对啦！这么快就分辨出来了呢。其实我们还可以通过观察金属的溶解情况来区分强酸和弱酸。"

"对了！酸可以溶解部分金属。"

龙老师在装有稀盐酸和醋的试管中分别放入了一小段镁条。

	弱	强
酸	弱酸 酸性较弱	强酸 酸性较强
碱	弱碱 碱性较弱	强碱 碱性较强

镁条在稀盐酸中溶解得好快啊！

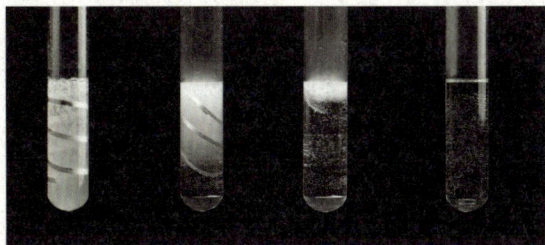

▶ 稀盐酸

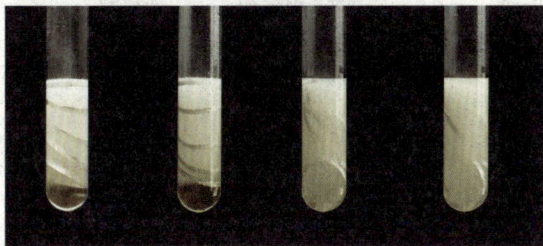

▶ 醋

镁条在醋里的反应怎么比在稀盐酸中慢这么多呢？

"镁条在稀盐酸里溶解得可真快啊！还冒出了好多气泡呢！"

"可醋里的镁条却溶解得很慢。一看就知道稀盐酸是强酸，而醋是弱酸！"

孩子们一会儿看看这个试管，一会儿看看那个试管，觉得特别神奇。

"金属溶解时冒出的是氢气。产生的氢气越多，说明酸性越强。"

"那是不是醋里产生的氢气比较少呢？就算溶解得慢，说不定最后冒出的气泡也会很多呢。"

"那我们来收集氢气比较一下吧。"

弱碱	强碱
氨水 小苏打	氢氧化钠 氢氧化钙 氢氧化钾
弱酸	强酸
醋 碳酸 柠檬酸	稀盐酸 稀硝酸 稀硫酸

"要怎么做呢？"

"我们可以在试管口套上气球，把氢气收集起来看看。"

稀盐酸溶解金属时会冒出好多氢气！

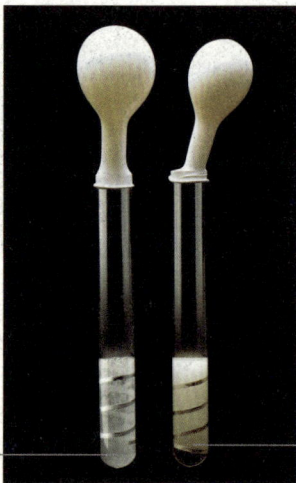

醋里冒出的气体好少啊，看来稀盐酸确实比醋的酸性强多了！

稀盐酸 —— 食醋

龙老师在两个试管口各套上一个气球，大家开始重新观察起来。

"稀盐酸中产生了好多氢气，气球也变得更大了。哇，真有意思！"

"原来可以通过比较气球的大小来判断啊！"

龙老师一边轻轻按压着稀盐酸试管上鼓起的气球，一边说道：

"除了稀盐酸，稀硫酸溶解活泼金属（如锌、

龙老师的科学显微镜

稀硝酸和浓硝酸跟金属反应时不会产生氢气，因为反应产物通常是氮的氧化物。

铁等）时也会产生大量氢气。"

"那稀硫酸也是强酸吗？"

"是的。"

"那除了醋，还有哪些是弱酸呢？"

"碳酸饮料里的碳酸、水果中的柠檬酸都是弱酸。"

"原来能吃的酸大多是弱酸啊。"

重点总结

在水溶液中能完全电离出氢离子的酸是强酸，只能部分电离出氢离子的酸是弱酸。

用电流来测试

"那强碱和弱碱要怎么区分呢？我们得提前知道哪些是危险物质啊。"

"说得对，随意触碰或者品尝是非常危险

电荷的定向移动形成电流。碱在水中解离出的阳离子带正电，会向电池负极移动；阴离子带负电，会向电池正极移动。

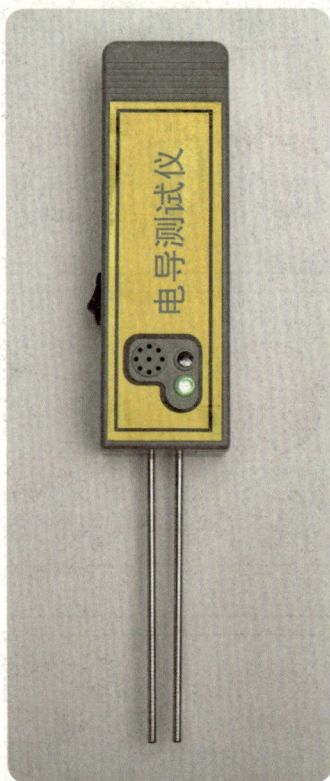

▲ **电导测试仪** 这种装置可以用来检测物质是否导电，以及其导电能力的强弱。里面装有电池，两根金属棒分别连接着电池的正极和负极。绿灯亮表示电源接通，红灯的亮度则能显示被测物质中电流的强弱。

的。其实还有一种方法可以测出碱的强弱——不过要注意，得在相同浓度的溶液中比较哦。"

"是什么方法呢？"

"还记得我上次说过离子是带电粒子吗？"

孩子们转动着眼珠，努力回忆着。龙老师笑着继续说：

"哈哈，碱溶解在水里时会产生离子，带电的离子在溶液中移动时就会产生**电流**。利用这个性质，我们就能测量碱的强弱啦。就是这个！"

龙老师唰地拿出了一个电导测试仪。

"哇！这是什么啊？"

"这是电导测试仪，当溶液中有电流通过时，它会发光或发出声音。电流越强，指示灯就越亮，声音也越大。"

"哇！原来还有这种装置啊！我想试一试。"

何大壮急着上前，把电导测试仪放入氨水中。

把这两根金属棒放入实验物质中就可以了。

"虽然灯亮起来了，但是有点暗。"

"氨水在水里只能部分电离，所以相同浓度下溶液中离子浓度低。正因为这样，电流才会这么微弱。"

接着，罗喜喜把电导测试仪放进了同浓度的氢氧化钠溶液里。

"哇！指示灯好亮，声音也好大啊！"

"氢氧化钠溶解在水里时会完全电离，所以相同浓度下，溶液中离子浓度高。正是因为这样，电流才会这么强。用电导测试仪一比较，是

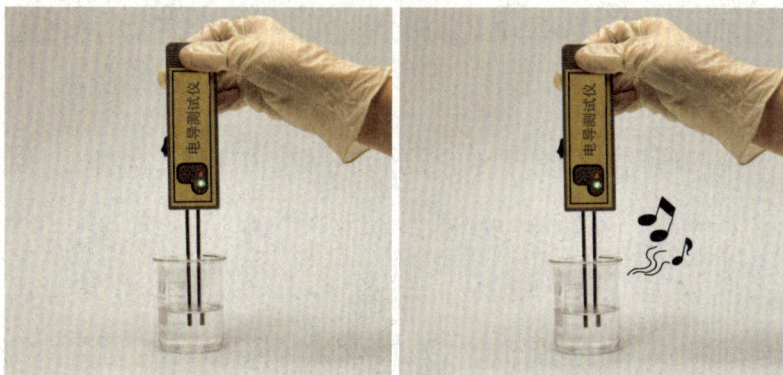

▲ 氨水　　　　　　　　▲ 氢氧化钠溶液

不是就能很清楚地分辨出强碱和弱碱了？这个方法在区分强酸和弱酸的时候也同样管用。"

"让我也试一试！我想测量一下酸性的强弱。"

"哈哈，来吧。我们来看看强酸和弱酸的区别吧。"

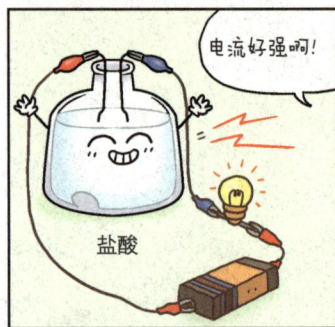

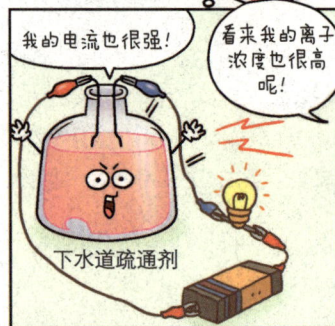

"稀盐酸中电导测试仪的指示灯更亮，声音也更大。"

"果然，和同浓度的弱酸相比，强酸因为完全电离，离子浓度更高，所以电流更强。"

龙老师总结道：

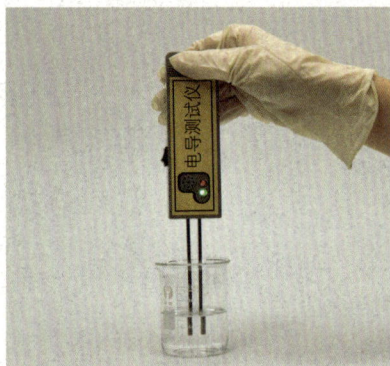
▲ 醋

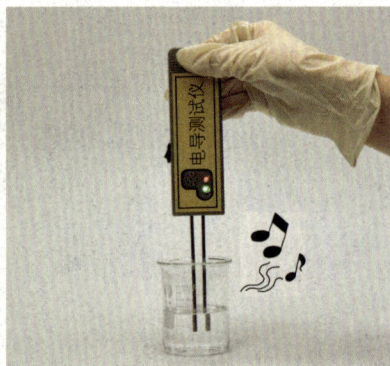
▲ 稀盐酸

"通过实验可以观察到，在相同浓度下，强酸和强碱因完全电离，溶液中离子浓度高，所以电流较强。相反，弱酸和弱碱因部分电离，溶液中离子浓度低，所以电流弱。"

重点总结

在相同浓度下，强碱和强酸中解离出的离子浓度高，所以电流强。通过测量电流的强弱，就能区分酸性和碱性的强弱。

看颜色也能分辨

"可是，我家里没有电导测试仪啊……有没有其他方法可以测量酸性和碱性的强弱呢？"

"对啊，也不能每次都往堵住的下水道里倒东西吧。"

王秀才的话引来了何大壮的附和。

龙老师哈哈大笑着说：

"当然有简单的方法啦。"

"是什么呢？"

龙老师拿出了一张黄色的试纸，装着黄色试纸的盒子上还有一张标着各种颜色的对照表。

"这种试纸会随着酸性和碱性的强弱变色，由 通用指示剂 制成，我们叫它 pH 试纸。"

"哇！红橙黄绿青蓝紫，像彩虹一样！这张试纸真的能变出所有颜色吗？"

"当然啦。"

"老师，那每种颜色旁边标的数字是什么意思啊？"

"在一定量的水溶液中，氢离子越多，酸性越强；氢氧根离子越多，碱性越强。溶液的酸碱

> **罗喜喜的科学词典**
>
> **通用指示剂** 一种由多种酸碱指示剂按一定比例混合制成的复合指示剂，能在不同酸碱度（pH）的溶液中显示出多种颜色变化，从而粗略判断溶液的酸碱性强弱范围。

▲ pH试纸

罗喜喜的科学词典

数值 计算得出的具体数字。

度常用 pH 来表示，pH 的**数值**通常在 0 和 14 之间。测定 pH 最简便的方法就是使用 pH 试纸。我们一起来看看 pH 不同时，试纸会变成什么颜色。"

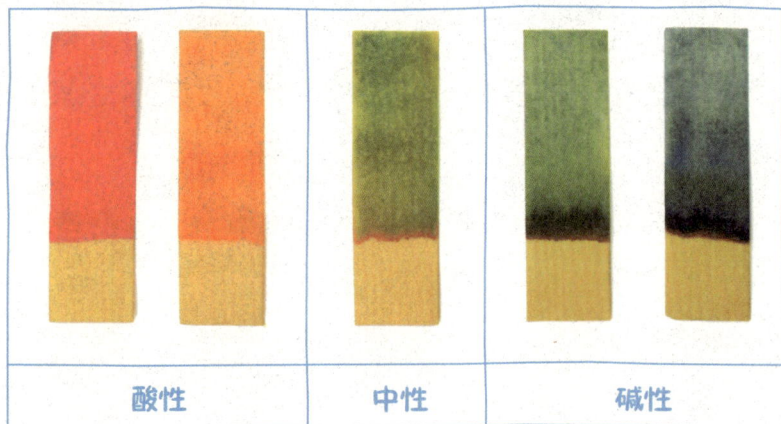

| 酸性 | 中性 | 碱性 |

▶ **pH试纸的颜色变化**
pH试纸是一种纸质指示剂，根据其颜色变化，我们可以看出溶液的酸碱度。在酸性溶液中偏红，在中性溶液中呈绿色，在碱性溶液中偏蓝。

▼ **各种物质的 pH**

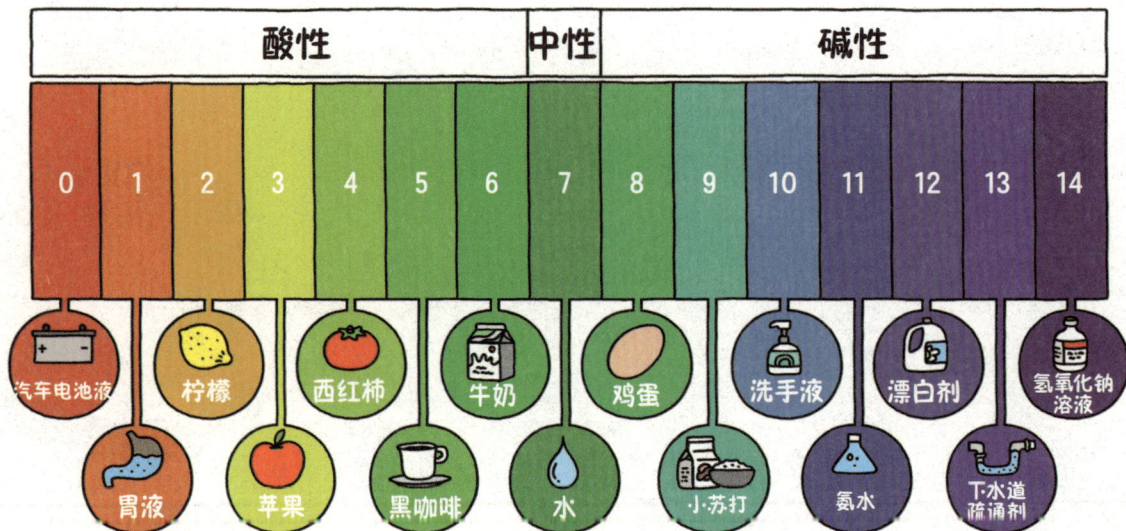

酸性							中性	碱性						
0	1	2	3	4	5	6	7	8	9	10	11	12	13	14

汽车电池液　柠檬　西红柿　牛奶　鸡蛋　洗手液　漂白剂　氢氧化钠溶液

胃液　苹果　黑咖啡　水　小苏打　氨水　下水道疏通剂

说着，龙老师展示了一张图片。

"首先要记住，pH 的数值通常在 0-14 之间。pH<7 的溶液呈酸性，pH 越小，酸性越强；pH>7 的溶液呈碱性，pH 越大，溶液的碱性越强。pH=7 的溶液呈中性"

"胃液的 pH 是 1，原来它是这么强的酸啊！"

"下水道疏通剂的 pH 是 13，果然是强碱。"

"用 pH 和颜色来表示真的很容易理解啊！"

"哈哈，是吧？现在的肥皂、化妆品等产品上都会标注pH，还会注明'弱酸性''中性''弱碱性'等。因为酸和碱会影响我们的健康，所以我们要了解它们才能正确使用。"

▲ 标注 pH 的产品

重点总结

pH试纸是一种用于快速检测溶液酸碱度的试纸。pH的数值通常在0和14之间。pH小于7时，数值越小，溶液的酸性越强；pH大于7时，数值越大，溶液的碱性越强。

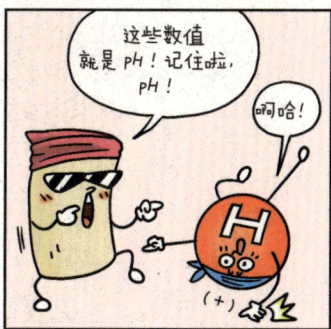

罗喜喜的 学习笔记

1. 酸和碱的强弱

酸		碱	
强酸	ⓐ	强碱	ⓑ
溶于水时完全电离并释放出氢离子的酸。	溶于水时部分电离并释放出氢离子的酸。	溶于水时完全电离并释放出氢氧根离子的碱。	溶于水时部分电离并释放出氢氧根离子的碱。
电流强。	电流弱。	电流强。	电流弱。
ⓒ	乙酸（醋），碳酸，柠檬酸	ⓓ	氨水，碳酸氢钠

2. pH

① 表示溶液酸碱性的强弱程度

② pH与酸碱的强度

0	1	2	3	4	5	6	7	8	9	10	11	12	13	14

← 强酸性　　弱酸性 →　中性　← 弱碱性　　强碱性 →

ⓐ 弱酸　ⓑ 弱碱　ⓒ 盐酸　ⓓ 氢氧化钠

科学小达人 大挑战！

●答案在第110页

01

同学们正在讨论这节课学到的内容。请判断对错，对的打"✓"，错的打"X"。

① 氢氧化钠溶液中有电流通过。　（　　　　）

② 加入镁条时产生的气体越多，说明酸性越强。　（　　）

③ pH大于7时，数值越大，酸性越强。　（　　　　）

02

在例句中填入合适的词，将这些词按顺序连起来。

> 例句
>
> 在水溶液中能完全电离出（　　　）离子的酸就是（　　　　）。
> 氢离子是带（　　　　）电荷的粒子，相同浓度下，强酸里有大量离子，所以电流很强。同样，相同浓度下，（　　　　）中也含有大量（　　　　）离子，所以电流也很强。

弱碱　　　　　　　氢　　　　　　　氢氧根
●　　　　　　　　●　　　　　　　　●

强酸　　　　　　　弱酸　　　　　　　强碱
●　　　　　　　　●　　　　　　　　●

（−）　　　　　　　（＋）　　　　　　　（−）
●　　　　　　　　●　　　　　　　　●

龙老师的科学小课堂

欢迎大家来到科学界的人气明星——龙老师的科学小课堂。

> 今天要分享什么有趣的知识呢?

我们的身体里也有酸和碱!

地球上的所有物质都可以分为酸性、中性和碱性三类,构成我们身体的物质也不例外。包裹着我们身体的皮肤是弱酸性的,皮肤分泌的汗液也是弱酸性的。身体里流动的血液是弱碱性的。

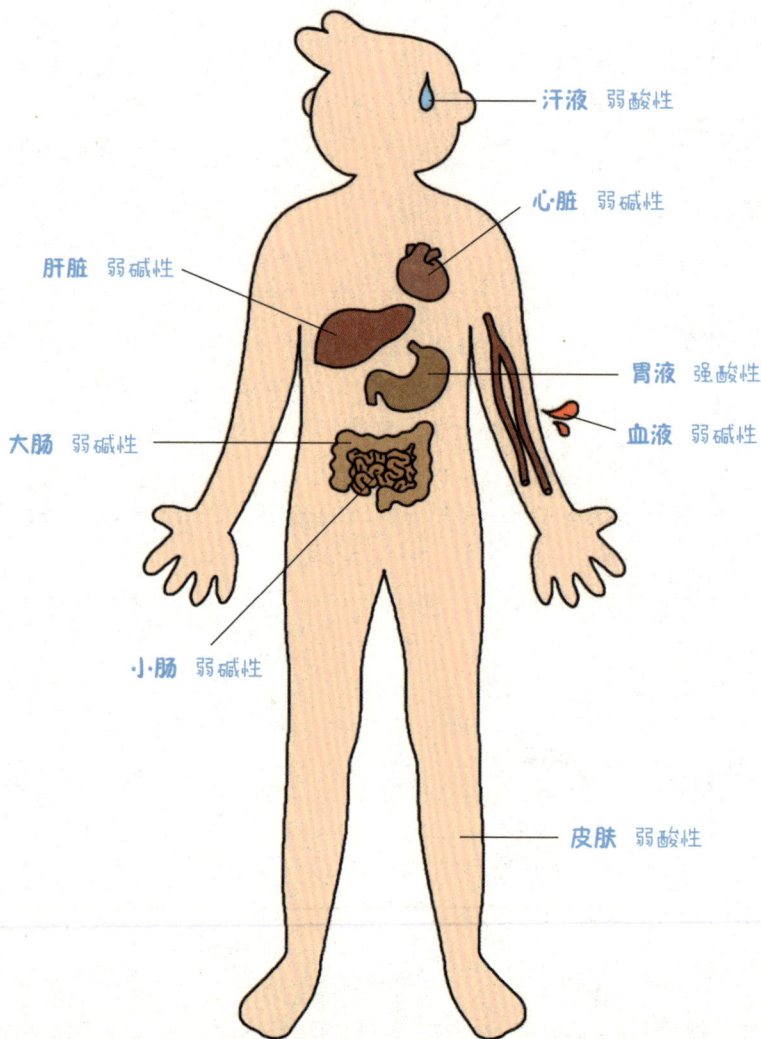

汗液 弱酸性

心脏 弱碱性

肝脏 弱碱性

胃液 强酸性

血液 弱碱性

大肠 弱碱性

小肠 弱碱性

皮肤 弱酸性

大家知道吗? 我们的身体里有强酸! 就在消化食物的胃里。胃会分泌胃液从而把食物分解成小块, 胃液里含有强酸性的盐酸。还记得我们说过大多数酸能溶解碳酸钙和金属吗? 强酸甚至能溶解构成我们身体的蛋白质。

不过别担心, 我们的身体有特殊保护机制, 能防止胃液把自己的胃溶解掉。

胃

胃液

黏液

胃壁

黏液包裹着胃壁, 所以胃液就不会溶解我们的胃了!

怎么样? 我们身体里的酸和碱是不是很神奇啊?

欢乐留言板

原来强酸连蛋白质都能溶解啊。

└ 那用胃液也能疏通堵住的下水道吧?

└ 还是乖乖用下水道疏通剂吧!

当酸和碱相遇会发生什么？

哎，刷牙好麻烦啊。

为什么不刷牙就会蛀牙呢？

让我来告诉你为什么一定要好好刷牙！

认识碱及其性质

② ——— ③ 酸和碱的定义

① 认识酸及其性质

④ 酸碱指示剂

⑤ 酸和碱的强弱

⑥ 中和反应

好痛！

"啊……好痛啊。"

许多多捂着一边脸颊走进科学教室。

罗喜喜问道：

"多多，怎么啦？"

"我长蛀牙了，去看了牙医，医生说以后要好好刷牙。老师，不刷牙真的会蛀牙吗？"

"对啊！我妈妈也总说不刷牙牙齿就会烂掉……"

蛀牙是怎么形成的？

"我们的口腔里有一些以食物残渣为食的细菌，这些细菌分泌的酸性物质就是导致蛀牙的罪魁祸首。"

"酸性物质？它会腐蚀我们的牙齿吗？"

"是的，酸性物质持续作用于牙齿表面，逐渐侵蚀牙齿最外层的坚硬组织——牙釉质。牙齿被溶解腐烂了就是蛀牙啦。"

"原来是细菌产生的酸性物质在捣乱啊！"

"是的。要想预防蛀牙，就要把口腔里的食物残渣清理干净，不让细菌大量繁殖。同时还要清除细菌产生的酸性物质，这就需要用到碱啦。"

"为什么需要碱呢？"

"因为酸遇到碱后，酸性会变弱或消失。同样，碱遇到酸后，碱性也会变弱或消失。"

"啊？酸和碱相遇后性质会发生变化吗？"

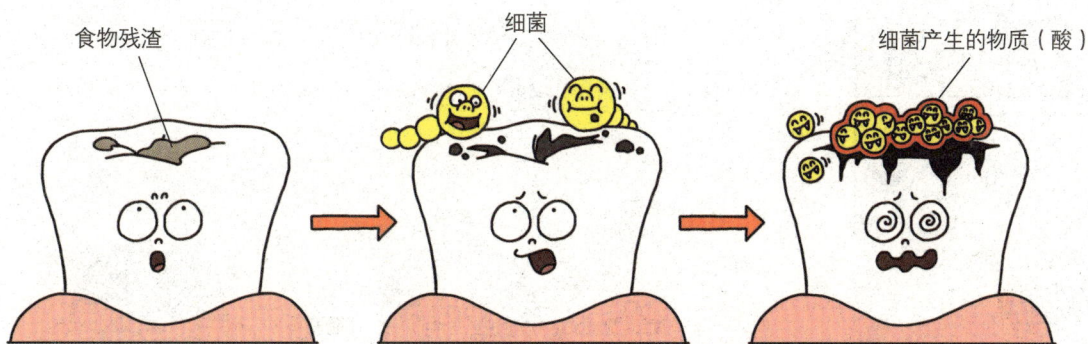

食物残渣　　　细菌　　　细菌产生的物质（酸）

▲ 蛀牙形成过程

蛀牙是怎么形成的呢？

这个嘛……

　　口腔里的细菌吃掉食物残渣后会产生酸性物质，这些酸性物质会腐蚀牙齿，这就是蛀牙形成的原因。所以要预防蛀牙，就要清除口腔里的食物残渣和酸性物质。

口腔里的细菌吃掉食物残渣后，

好吃！

会产生酸性物质，从而腐蚀牙齿。

吃完饭后一定要刷牙，把牙缝里的食物残渣清理干净！

酸碱相遇会怎样？

　　"大家先想想这个问题：酸和碱溶解在水中时，会解离出什么离子呢？"

　　"酸会解离出氢离子和阴离子，碱会解离出氢氧根离子和阳离子。"

　　"对啦。当酸和碱相遇时，氢离子和氢氧根离子会结合在一起，形成水分子。"

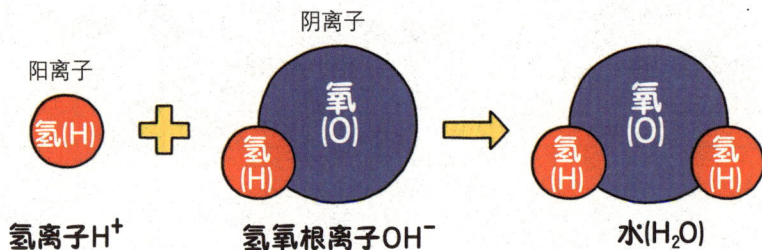

阳离子
氢(H)
氢离子H^+

阴离子
氧(O)　氢(H)
氢氧根离子OH^-

氧(O)　氢(H)　氢(H)
水(H_2O)

"哇！居然能生成水，真神奇！"

"酸和碱相遇生成水的现象叫作'中和反应'。在这个过程中，氢离子和氢氧根离子会结合在一起，它们的数量都会减少，这样一来酸性和碱性就变弱了。"

"啊，所以才要用碱来中和细菌产生的酸吗？"

"没错！我们用的牙膏就是碱性物质。用牙膏刷牙不仅能清除食物残渣，还能中和细菌产生的酸。"

"原来牙膏是碱性的啊！"

许多多和何大壮恍然大悟地点了点头。

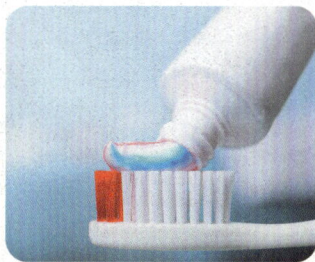

▲ 牙膏

牙膏是碱性的。
红色石蕊试纸

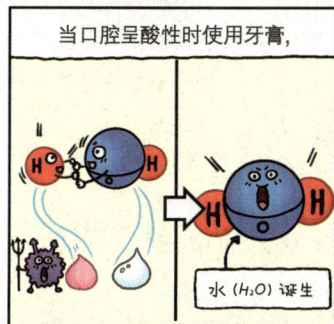
当口腔呈酸性时使用牙膏，
水 (H_2O) 诞生

氢离子减少了！
氢氧根离子也减少了！

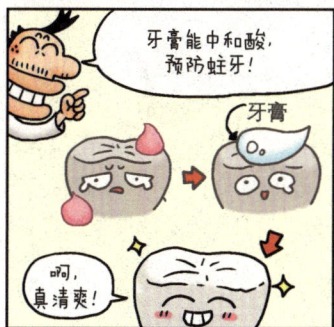
牙膏能中和酸，预防蛀牙！
牙膏
啊，真清爽！

重点总结

  酸和碱相遇生成水的现象叫作中和反应。发生中和反应后，酸性和碱性都会变弱。

再看仔细点

我们身边的中和反应

在中和反应中，酸性和碱性都会被减弱。我们在日常生活中也经常用到中和反应，一起来看看都有哪些例子吧。

洒柠檬汁去鱼腥味！

微生物分解死鱼的身体时会产生一些碱性物质，鱼的腥味就是这些物质造成的。所以当生吃或烹饪鱼时，可以洒一点酸性的柠檬汁，碱性物质会被酸中和，腥味就变淡啦。同样，用醋擦洗切过鱼的菜板和刀具，也能有效去除腥味。

在酸泡菜里放入洗干净的蛋壳或贝壳！

泡菜存放时间越长，产生的乳酸越多，酸味也会越重。这时把含有碳酸钙的蛋壳或贝壳放入泡菜中，就会发生中和反应，酸味就变淡了。

在酸化的土壤里撒石灰粉或草木灰！

人们在耕种时往往会使用化肥，因此收获后的土壤常常呈酸性。加上酸雨的影响，土壤酸化会更加严重。在这样的酸性土壤中，植物难以生长。所以要撒上碱性的石灰粉或草木灰，来中和土壤的酸性。

石灰粉

用碱性药物中和体内的强酸!

我们的胃会分泌强酸性的胃液来消化食物，不过如果身体出了问题，就算没吃东西胃部也可能会分泌胃液，或分泌过量胃液。这时消化器官会被胃酸损伤，出现腹痛、呕吐等症状。服用碱性的制酸剂就可以中和酸，缓解症状。

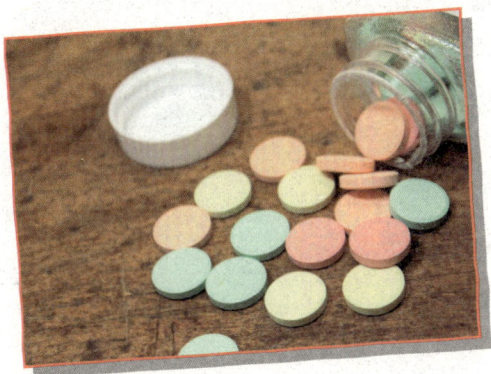

游泳池消毒后要加入碱!

游泳池消毒时，常用的含氯消毒剂（如次氯酸、氯气等）溶于水后，会发生化学反应生成次氯酸。为保证消毒效果稳定且对人体温和（避免刺激皮肤、黏膜），泳池水需要维持在适宜的pH范围（通常为7.2~7.8，呈弱碱性）。若水质偏酸性，会降低次氯酸的稳定性和消毒效果，此时需加入氢氧化钠等碱性物质调节pH至合理区间。

氢氧化钠

用醋清除烧水壶中的水垢!

水垢是水中溶解的钙、镁等矿物质（主要是碳酸氢钙、碳酸氢镁）在加热或蒸发过程中，因化学性质变化而析出并沉积在容器内壁的固体物质。醋中的酸性物质能与水垢中的主要成分发生反应，生成可溶物，从而轻松去除水垢。

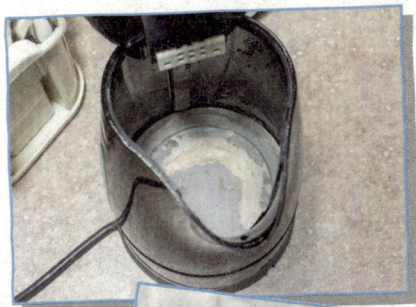

醋

酸碱的完美配对！

"不过啊，中和反应的结果会随着不同的情况而改变。"

"会有什么不同呢？"

"我们做个实验看看吧。

龙老师准备了稀盐酸、氢氧化钠溶液和几支试管。

"我准备了浓度相同的稀盐酸和氢氧化钠溶液。把这两种溶液按不同比例混合在一起，加入指示剂，看看会发生什么。"

龙老师在三支试管中分别按不同比例混合稀盐酸和氢氧化钠溶液，并加入了 BTB 溶液，每支试管呈现的颜色都不同。

"BTB 溶液变成了不同的颜色，蓝色的溶液是碱性的，绿色的溶液是中性的，黄色溶液是酸性的。"

"老师，为什么结果会不一样呢？是因为只有将等量的稀盐酸和氢氧化钠溶液混合，最终的溶液才会呈中性吧？"

孩子们歪着头，一脸疑惑。

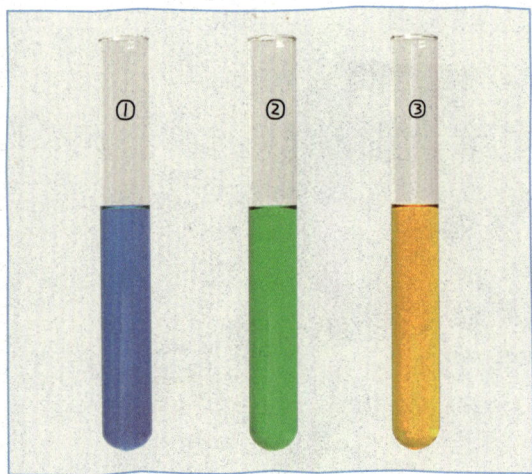

▲ 中和反应的结果

"当酸和碱混合时，酸里的氢离子会和碱里的氢氧根离子一一配对，每对离子会结合形成一个水分子。"

"如果两种离子的数量不一样呢？"

"没有配对的氢离子或氢氧根离子就会留在溶液里。如果剩下的氢氧根离子比氢离子多，溶液就会呈碱性；如果剩下的氢离子比氢氧根离子多，溶液就会呈酸性。"

龙老师指着实验结果继续解释道。

"不过，当浓度相同的酸和碱等量混合时，两种离子都能配对成功，全部变成水，所以溶液就变成中性的啦。"

"原来中和反应的结果可以这么多样啊。"

碱性	中性	酸性

剩下的氢氧根离子让溶液变成了弱碱性！

这边剩下的氢离子让溶液变成了弱酸性！

① 稀盐酸 10mL + 氢氧化钠溶液 30mL

② 稀盐酸 20mL + 氢氧化钠溶液 20mL

③ 稀盐酸 30mL + 氢氧化钠溶液 10mL

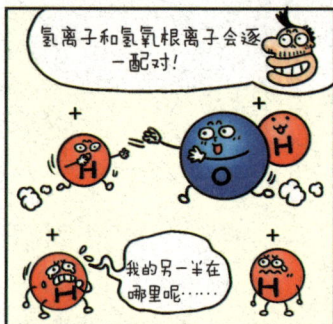

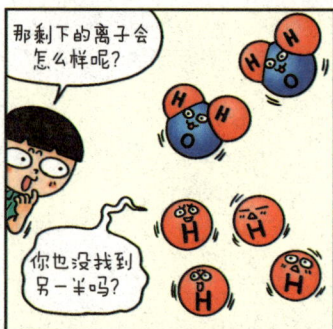

酸碱混合后溶液一定会变成中性吗？

No, No!

氢离子和氢氧根离子会逐一配对！

我的另一半在哪里呢……

那剩下的离子会怎么样呢？

你也没找到另一半吗？

如果剩下的是氢离子，溶液就会呈酸性；剩下的是氢氧根离子，溶液就会呈碱性。

我还是酸性的呢。

我也还是碱性的呀。

重点总结

　　一个氢氧根离子和一个氢离子相遇后会形成一个水分子。所以，如果将相同浓度的酸和碱等量混合，溶液就会变成中性的。

生成水时会发生什么反应？

　　"咦？试管怎么热热的？老师，这个试管为什么会变热呢？"

　　实验结束后，郭小豆摸着试管惊讶地说道。

　　"因为发生中和反应时，不仅会有水生成，还会有热量产生，所以溶液的温度升高了。"

　　"哇！真神奇！"

　　"你们猜猜看，这三个试管哪个温度最高呢？"

　　"这个嘛……"

　　孩子们都歪着头，一脸不解。

　　"参与中和反应的氢离子和氢氧根离子越

多，产生的热量就越多，所以第二个试管的温度最高。"

"真的呢，是第二个试管最热。"

"当酸碱混合开始发生中和反应时，溶液的温度会慢慢升高。等所有的氢离子和氢氧根离子都相遇完成中和反应时，温度就会达到最高点，然后开始降低。"

阳离子　　　　阴离子

氢(H) **+** 氢(H) 氧(O) **→** 氧(O) 氢(H) 氢(H) **+** 热量

氢离子(H⁺)　氢氧根离子(OH⁻)　　　水(H_2O)

"原来中和反应结束后温度会重新降下来啊。"

"也就是说，酸和碱相遇发生中和反应时会生成水，同时伴有热量的产生，同时溶液的酸性和碱性会变弱，对吧？"

"没错！不愧是罗喜喜！"

重点总结

发生中和反应时会有热量产生，使溶液温度升高。

实验结束后溶液要进行中和处理才能倒掉！

盐酸　　　下水道疏通剂

唉？烧杯变暖了。

因为酸碱相遇生成水的时候会产生热量！

等中和反应结束，温度降下来后再倒掉就行啦！

再看仔细点

了解酸和碱的知识有什么用呢？

第一，世界上的所有物质不是酸性的就是中性的或碱性的！

酸性是所有酸的共同性质，碱性是所有碱的共同性质。因此，只要知道一种物质是酸性还是碱性的，不用试就能猜到它的性质。举个例子，就算是从来没见过的物质，如果知道它是酸性的，我们就能知道它可以溶解部分金属和碳酸钙。

第二，酸和碱的用途大不相同！

家里的清洁剂通常是强酸性或强碱性的。马桶清洁剂通常是酸性的，因为要去除的马桶上的污垢主要是碱性的；厨房清洁剂通常是碱性的，因为要去除的油污大多是酸性的。

▲ 各种清洁剂

第三，酸和碱在工业领域中也有很多用处！

氢氧化钠（烧碱）用于木材制浆，是造纸的核心原料之一。烧碱与油脂反应（皂化反应）生成肥皂。氢氧化钙（熟石灰）、氢氧化钠可中和酸性废水，沉淀重金属离子，调节水质pH。

▲ 造纸工厂

硫酸是一种重要的工业化学品，主要用于生产肥料，如硫酸铵和过磷酸钙。此外，它还广泛用于制造洗涤剂、染料、药物等。除此之外，盐酸、氢氧化钠、氨水等酸碱物质在化学工业中也有着广泛应用。

▲ 化肥工厂生产的化肥

1. 中和反应
    ① 酸和碱相遇会生成 ⓐ 。
    ② 一个氢离子和一个氢氧根离子相遇形成一个水分子。

2. 中和反应中的现象
    ① 酸性或碱性会变弱。
    · 当 ⓑ 量相同浓度的酸碱混合时，离子无法一一结合全部变成水，根据剩余离子的种类，溶液会呈酸性或碱性。
    · 当 ⓒ 量相同浓度的酸碱混合时，氢离子和氢氧根离子全部形成水，溶液会呈 ⓓ 。
    ② 产生 ⓔ ，使溶液温度升高。

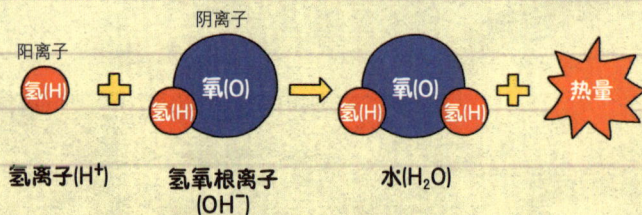

阳离子　　　阴离子

氢(H) ✚ 氧(O) 氢(H) → 氧(O) 氢(H) 氢(H) ✚ 热量

氢离子(H⁺)　氢氧根离子(OH⁻)　水(H₂O)

ⓐ水 ⓑ不同 ⓒ相同 ⓓ中性 ⓔ热量

科学小达人 🧪 大挑战！

●答案在第110页

同学们正在讨论这节课学到的内容。请判断对错，对的打"✓"，错的打"✗"。

① 当酸碱混合时，氢离子和氢氧根离子会相遇形成水。(   )

② 当酸碱发生中和反应时，溶液的温度会降低。   (   )

③ 酸碱混合后溶液一定会变成中性。   (   )

龙老师的
科学小课堂

欢迎大家来到
科学界的人气明星
——龙老师的科学小课堂。

> 今天
> 要分享什么
> 有趣的知识呢?

学会中和反应，蚊虫蜇咬不用怕!

　　人被有些蚊虫叮咬后，蚊虫在人的皮肤内会分泌含有蚁酸的有毒物质，这些物质会引起人体的过敏反应，导致皮肤出现红肿、痛痒等症状。这时可以在被叮咬处涂抹弱碱性物质，如肥皂水、小苏打溶液等，用来中和蚊虫分泌的蚁酸，从而减轻痛痒感。

　　夏天时，海滩上有时会出现水母，引起一些麻烦。因为水母的触手里含有毒素，被蜇到不仅很痛，还可能引起过敏反应。那么，被水母蜇到时该怎么处理呢?

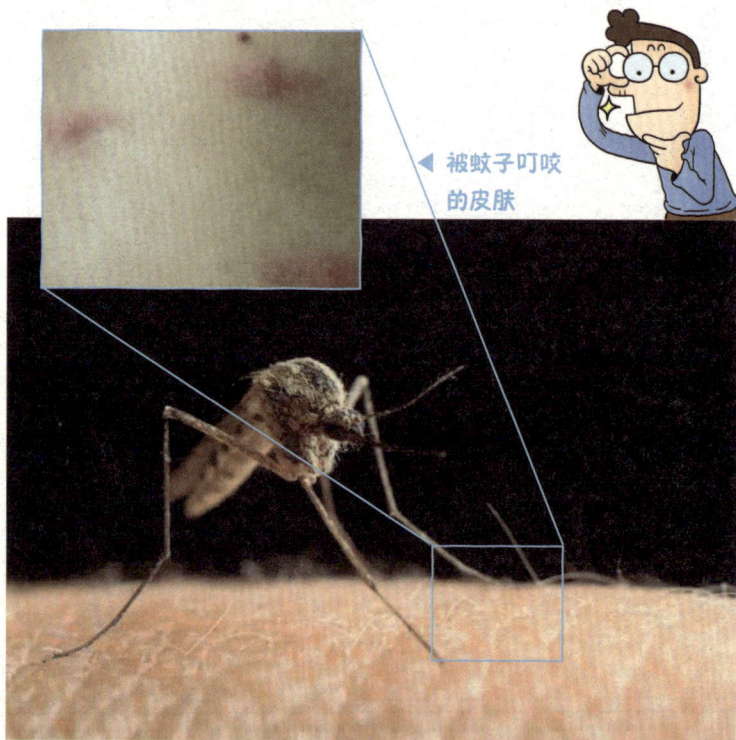

◀ 被蚊子叮咬
的皮肤

如果在澳大利亚的海边被水母蜇到，涂上醋就能缓解疼痛。这是因为澳大利亚海域常见的水母是箱形水母，它的毒素是碱性的，所以可以用醋来中和。但是在我国的渤海、黄海海边被水母蜇到时，涂醋反而是个危险的举动。因为在我国这些海域常见的是越前水母，它的毒素是酸性的，涂上醋反而会让毒性变得更强。这种情况下应该涂抹碱性的小苏打水，而不是酸性的醋。

▼ 澳大利亚海域常见的箱形水母

我的毒素是碱性的。

当心·水母！

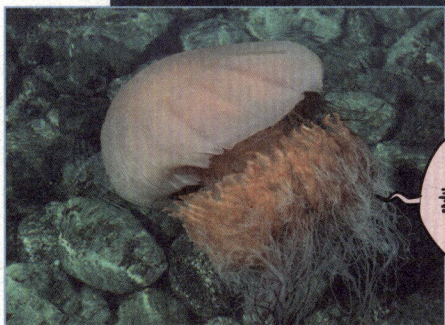

我的毒素是酸性的。

▲ 我国渤海、黄海海域常见的越前水母

☕ 欢乐留言板

以后去海边玩要记得多带焦糖饼了。

└ 带那么多干吗？

└ 真是个吃货！

└ 才不是呢！里面有小苏打，为了活命也没办法啊！

课本里是
怎么讲的呢?

人教鄂教版小学六年级上册《科学》| 物质的变化
鲁教版初中九年级下册《化学》| 认识酸和碱

把物质放入酸性溶液或碱性溶液中会发生什么变化?

· **溶液的性质**
 − 把鸡蛋壳或大理石块放入酸性溶液中有气泡冒出且固体物质会溶解。
 − 把煮熟的蛋白或豆腐放入碱性溶液中,固体物质会溶解并变得软烂。

· **混合酸性溶液和碱性溶液**
 − 在酸性溶液中加入碱性溶液,酸性会减弱。
 − 在碱性溶液中加入酸性溶液,碱性会减弱。

酸碱混合会生成水!

人教鄂教版小学六年级上册《科学》| 物质的变化
鲁教版初中九年级下册《化学》| 认识酸和碱

如何用指示剂来分类溶液?

· **石蕊试纸**
 − 红色试纸在碱性溶液中变蓝,蓝色试纸在酸性溶液中变红。

· **酚酞溶液**
 − 只在碱性溶液中变红。

· **紫甘蓝指示剂**
 − 在酸性溶液中变红色,在碱性溶液中变蓝色、绿色或黄色。

世界上所有物质都属于酸性、中性或碱性中的一种!

和课本里说的原理一样呢!

人教鄂教版小学六年级上册《科学》 物质的变化
鲁教版初中九年级下册《化学》 认识酸和碱

在日常生活中如何利用酸和碱呢?

- **酸的使用**
  - 用醋擦洗处理过鱼的菜板。
  - 用酸性的马桶清洁剂清洁马桶。

- **碱的使用**
  - 被有些蚊虫叮咬后,涂一些含有碱性物质的溶液,可减轻痛痒。
  - 喝完酸奶后,用碱性牙膏刷牙。

大多数都是酸碱发生中和反应的例子呢!

鲁教版初中九年级上册《化学》 认识物质的构成

物质的构成粒子

- **原子是化学变化中的最小粒子**
  - 原子由带正电荷的原子核和带负电荷的电子组成。

- **离子**
  - 原子失去电子带正电荷,获得电子带负电荷,这种带电荷的原子叫离子。
  - 带正电荷的原子叫阳离子,带负电荷的原子叫阴离子。

氢离子是阳离子,氢氧根离子是阴离子!

第1课

0/　　①　✓　　②　✓　　③　✗

02

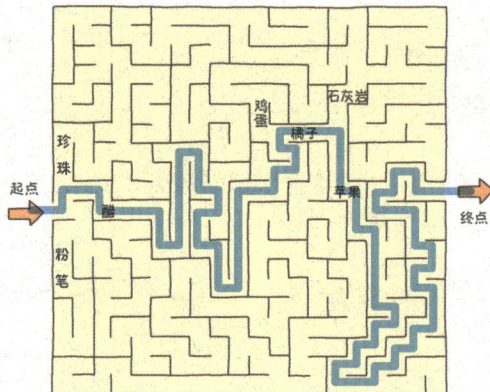

第2课

0/　　①　✓　　②　✗　　③　✓

第3课

01　　①　✓　　②　✗　　③　✓

02

碱有酸味。　　酸有酸味。

碱溶于水会解离出氢离子。　碱溶于水会解离出氢氧根离子。　酸溶于水会解离出氢离子。　酸溶于水会解离出氢氧根离子。

第4课

01　　①　✓　　②　✓　　③　✗

02

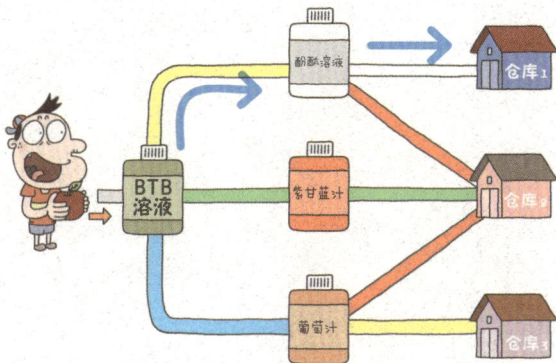

酚酞溶液　　仓库1

BTB溶液　　紫甘蓝汁　　仓库2

葡萄汁　　仓库3

第5课

01　①✓　②✓　③✗

02

> **例句**
>
> 在水溶液中能完全电离出（ 氢 ）离子的酸就是（ 强酸 ）。
> 氢离子是带（ + ）电荷的粒子，相同浓度下，强酸里有大量离子，所以电流很强。同样，相同浓度下,（ 强碱 ）中也含有大量（ 氢氧根 ）离子，所以电流也很强。

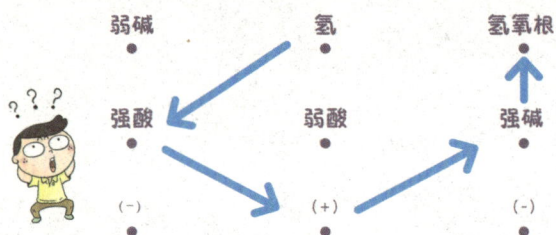

```
        弱碱          氢          氢氧根
         ·           ·            ·↑

        强酸         弱酸         强碱
         ·           ·            ·

        (-)         (+)          (-)
         ·           ·            ·
```

第6课

01　①✓　②✗　③✗

Original Title: 용선생의 시끌벅적 과학교실8 : 산과 염기

Text by Sahoipyoungnon Research Institute, Hyunseung Woo

Illustrated by Inha Kim, Mr. Mung, Hyosik Yoon, Character by Wooil Lee

The Original Korean edition © 2019 published by SAHOI PYOUNGNON PUBLISHING CO., INC.

The Simplified Chinese Language Translation © 2025 SHAN DONG EDUCATION PRESS CO., LTD.

By Arrangement with SAHOI PYOUNGNON PUBLISHING CO., LTD Seoul, Korea through Bookzone Agency

All rights reserved.

中文简体字版由山东教育出版社有限公司在中国大陆地区独家发行

山东省著作权合同登记号 图字：15-2025-126号

图书在版编目（CIP）数据

酸和碱的秘密是什么？/ 韩国科学教育研究所编写 ；
唐坤译. -- 济南：山东教育出版社, 2025. 6. -- (奇
妙科学大揭秘). -- ISBN 978-7-5701-3744-2

Ⅰ. O611.6-49

中国国家版本馆CIP数据核字第20251B09E2号

责任编辑：杜　聪

责任校对：刘　园

美术编辑：闫　姝

插　　图：〔韩〕金仁河　　〔韩〕萌老师　　〔韩〕尹孝植

QIMIAO KEXUE DA JIEMI

奇妙科学大揭秘

SUAN HE JIAN DE MIMI SHI SHENME？

酸和碱的秘密是什么？　　　　　　　　韩国科学教育研究所　编写　|　唐坤　译

主管单位：山东出版传媒股份有限公司

出版发行：山东教育出版社

　　　　　地址：济南市市中区二环南路 2066号4区1号　　邮编：250003

　　　　　电话：（0531）82092660　　网址：www.sjs.com.cn

印刷：山东星海彩印有限公司

版次：2025年6月第1版

印次：2025年6月第1次印刷

开本：787毫米×1092毫米　1/16

印张：7

字数：85千

定价：38.00元

（如印装质量有问题，请与印刷厂联系调换）印厂电话：0531-88881100

科学
原来可以这样学

AI龙老师
化学物理 生物地理
有不懂的就来问我

逛一逛 科学世界
有趣更有料
点燃孩子好奇心

做一做 奇妙实验
动手又动脑
科学原理轻松懂

玩一玩 智力挑战
趣味再升级
本书知识全掌握